Wolfgang Bürger

Der Traum des Seglers bei Flaute

Neue physikalische Spielereien aus Professor Bürgers Kabinett

Mit Illustrationen von
Matthias Schwoerer

Birkhäuser Verlag
Basel · Boston · Berlin

Die Deutsche Bibliothek – CIP-Einheitsaufnahme

Bürger, Wolfgang:
Der Traum des Seglers bei Flaute : neue physikalische Spielereien aus Professor Bürgers Kabinett / Wolfgang Bürger. – Basel ; Boston ; Berlin : Birkhäuser, 1998
  ISBN 3-7643-5879-3

Dieses Werk ist urheberrechtlich geschützt. Die dadurch begründeten Rechte, insbesondere die der Übersetzung, des Nachdrucks, des Vortrags, der Entnahme von Abbildungen und Tabellen, der Funksendung, der Mikroverfilmung oder der Vervielfältigung auf anderen Wegen und der Speicherung in Datenverarbeitungsanlagen, bleiben, auch bei nur auszugsweiser Verwertung, vorbehalten. Eine Vervielfältigung dieses Werkes oder von Teilen dieses Werkes ist auch im Einzelfall nur in den Grenzen der gesetzlichen Bestimmungen des Urheberrechtsgesetzes in der jeweils geltenden Fassung zulässig. Sie ist grundsätzlich vergütungspflichtig. Zuwiderhandlungen unterliegen den Strafbestimmungen des Urheberrechts.

© 1998 Birkhäuser Verlag, Postfach 133, CH-4010 Basel, Schweiz
Umschlaggestaltung: Atelier Jäger, D-88682 Salem, unter Verwendung der Abbildung «Paul Jaray: Idealer Stromlinienkörper in Bodennähe, um 1920.» Mit freundlicher Genehmigung der ETH-Bibliothek Zürich, Wissenschaftshistorische Sammlungen.
Gedruckt auf säurefreiem Papier, hergestellt aus chlorfrei gebleichtem Zellstoff
Printed in Germany
ISBN 3-7643-5879-3

9 8 7 6 5 4 3 2 1

Inhalt

Vorwort 7

1. Erfindungen und Entdeckungen

Der Chinesische Südweiser 11
Röhrentelefone 20
Das Geheimnis des Bohrhammers 27
Das Pendel auf dem Karussell 36
Das Gegenstromboot 43
Strom aus Aufwind 50

2. Probleme aus dem Alltag

Vergängliche Seifenblasen 61
Farben und Formen von Seifenhäuten 68
Unter Druck oder Unterdruck? 75
Rollen-Spiele 82
Harte Schale – weicher Kern 91
Nußknacker-Variationen 97
Wellen im Verkehr 105
«Crash» 115

3. Zwischen Himmel und Erde

Schaukeln für Anfänger	123
Schaukeln für Fortgeschrittene	130
Springer und Flieger	137
Fangball im Weltall	144
Eine Ente auf dem Teich	151
Peitschenknall mit Überschall	159

4. Mögliches und Unmögliches

Der Traum des Seglers bei Flaute	167
Anatomie eines «Perpetuum mobile»	175
Das Tausendtaubenproblem	183
Luftschlösser aus Spielkarten	191

5. Alte und neue Spielzeuge

Flitzer auf der Spielzeugautobahn	199
Pieter Bruegels Windräder	206
Der Klettermann	213
Die Möwe Jonathan	223

Vorwort

Nachdem «Der paradoxe Eierkocher» ein überaus erfreuliches Echo bei Lesern und Rezensenten gefunden hat, lade ich Sie mit diesem Buch zu neuen Entdeckungsreisen in die Welt der Alltagsphysik ein!

Um im Alltag Überraschendes zu entdecken, muß man scheinbar Selbstverständliches in Frage stellen. Halten Sie für möglich, daß ein Segler sein Schiff bei Windstille selber vorwärtsblasen könnte, wenn seine Lungenkraft groß genug wäre? Wenn Sie über die Autobahn brausen, was glauben Sie, wie schnell das Ende eines Staus auf Sie zuwachsen könnte und wieviel Sicherheit Knautschzonen böten, wenn es doch zum «Crash» kommen sollte? Schwimmt die Ente auf dem Teich schneller als die Wellen, die sie macht, also sozusagen mit «Überschallgeschwindigkeit»? Können Sie sich auf einem Fluß ein motorloses Schiff vorstellen, das vom Wasser selbst stromauf getrieben wird? Das Fragen nimmt kein Ende die Spielwiese der Physik ist unerschöpflich.

In vorliegenden Buch sind 28 neue Aufsätze versammelt, die in den letzten Jahren in ähnlicher Form in «bild der wissenschaft» erschienen sind. Matthias Schwoerer hat sie mit fröhlichem Augenzwinkern illustriert. Seine aus «Prof. Bürgers Kabinett» wohlbekannten Figuren – der gelehrte Onkel Albert, das Faktotum August und der Hund Pi, der gewitzte Pragmatiker – begleiten den Leser von der ersten bis zur letzten Geschichte.

Wer regelmäßig über so viele Themen schreibt, braucht den Rat von Experten, die es genauer wissen, und Hilfe bei der Endredaktion der Aufsätze. Zahlreichen Kollegen und Institutionen danke ich für ihre bereitwillige Unterstützung bei meinen Recherchen, meinen Mitarbeitern Dipl.-Ing. Markus Raabe und Dipl.-Ing. Andreas Maxon für die Durchsicht zahlreicher Artikel. Meiner Sekretärin, Frau Claudia Gäng, gebührt Dank und Anerkennung für ihren unermüdlichen Einsatz beim Schreiben und Korrigieren der Manuskripte. Großen Dank schulde ich meiner lieben Frau Linde für ständige Ermutigung und ungezählte Verbesserungsvorschläge. Für Druckfehler oder Irrtümer, die sämtlichen Kontrollen entgangen sind, fühle ich mich selbst verantwortlich und bitte die Leser, sie dem Verlag oder mir mitzuteilen.

Wolfgang Bürger   Ettlingen, im Juli 1998

1. Erfindungen und Entdeckungen

Der Chinesische Südweiser

Mythos und Geschichte: Auf dem Platz des himmlischen Friedens (Tien' an-Men-Platz), der zur Kaiserzeit zwar schon groß, aber bei weitem noch nicht so riesig war, wie er seit der Zeit Mao Zedongs ist, drängten sich erwartungsvoll die Menschen. Die bezopften kaiserlichen Beamten hatten Mühe, eine Gasse für die Staatsprozession freizuhalten. Erst nur so groß wie ein Punkt, aber bald schon eine mächtige graue Staubwolke, die mit wachsender Geschwindigkeit den Horizont erfüllte, näherte sich die Spitze des Zuges aus der Richtung der Verbotenen Stadt. Mit archaischem Ungestüm stampften die Pferde einer Schar berittener Herolde vorbei, die den Anfang des langen Zuges bildeten. Gleich dahinter, noch vor der Karosse des Kaiserlichen Statthalters, folgte der Wagen mit der hohen Figur des Unsterblichen, die mit ihrem ausgestreckten rechten Arm unverwandt nach Süden zeigte, in welche Himmelsrichtung sich der Zug auch wendete: der sagenhafte Südweiser. Gezogen von zwei kupferroten Pferden mit bronzenem Zaumzeug rollte der südweisende Wagen ohne einen Lenker oder Wagenführer (oder so schien es wenigstens) in der Spur der Reiter. Wirkten übernatürliche Kräfte, oder verbarg das undurchsichtige Gehäuse einen Steuermann, der das äußere Geschehen durch einen Sehschlitz verfolgte? Woher hätte der Mensch in seinem Kasten wissen sollen, wo Süden lag? Zwar scheint es in den Straßen einer Stadt, die man genau kennt, keine Kunst zu sein, an jeder Stelle die Himmelsrichtungen zu bestimmen. Aber aus der langen Geschichte des Südweisers ist überliefert, daß schon vor dreitausend Jahren der

Herzog von Chou einen Richtungsweiser bauen ließ, um Wagenzüge von der fernen Grenze über eine weite Ebene nach Süden zu leiten, wo es keine Orientierungspunkte außer der wandernden Sonne gab. Aus späterer Zeit wird berichtet, daß die kaiserliche Armee mit Hilfe eines Richtungsweisers ihren Weg sogar durch eine für das Auge undurchdringliche Nebelwand nahm, die der große Rebell Chhih-Yu zu seinem Schutz errichtet hatte. Wahrscheinlich hat der Südweiser nie einem praktischen Zweck gedient, sondern wurde als Prestigesymbol gebaut, dazu bestimmt, die eigenen Untertanen und die Gesandten fremder Staaten bei den großen Paraden zu beeindrucken. Seit jeher, bis in unsere von der Wissenschaft geprägte Gegenwart hinein, haben es selbsternannte Medizinmänner und Zauberer verstanden, sich mit magischem Hokuspokus Macht über ihre einfältigen Mitmenschen zu verschaffen.

Vermutungen über das Innenleben des Südweisers: Moderne Menschen glauben nicht an Wunder, sondern vertrauen darauf, daß alles, was vor ihren Augen geschieht, sachlich erklärt werden könne. Eine Konstruktionszeichnung des Südweisers ist nicht überliefert. Die meisten Versuche, einen Mechanismus für den Südweiser auszudenken, beruhen daher auf Spekulationen. Unter den zahlreichen historischen Zeugnissen, die die Existenz eines südweisenden Wagens belegen, gibt es jedoch eine detaillierte Beschreibung aus der Ta-Kuan-Periode zu Beginn des zwölften Jahrhunderts unserer Zeitrechnung. Danach muß es sich um ein Getriebe mit einer Art Gangschaltung gehandelt haben. In dem Text, den Joseph Needham, der gewissenhafte Chronist der chinesischen Kulturgeschichte, in seinem bedeutenden Lebenwerk «Science and Civilization in China» (Cambridge University Press, 1965, Vol. 4.2) aufgezeichnet hat, ist von Zahnrädern, insbesondere «Zweigangrädern», und der Anzahl der Zähne die Rede, außerdem von Seilzügen, die Zahnräder heben und senken, um sie mit anderen Zahnrädern in Eingriff zu bringen.

Die Grundidee des Getriebes ist die folgende: Wenn die Deichsel des Wagens seitwärts, zum Beispiel nach rechts, gezogen wird, senkt ein Seilzug ein gewisses Zahnrad und schaltet damit das Getriebe in denjenigen «Gang», der in der folgenden Rechtskurve die südweisende Figur relativ zum Wagen mit der gleichen Winkelgeschwindigkeit in die entgegengesetzte Richtung, also links herum schwenkt. Mit anderen Worten: die Richtungsänderung des Wagens wird durch eine Anordnung von Zahnrädern kompensiert. Um in der beschriebenen Weise steuerbar zu sein, muß der Wagen wenigstens zwei Achsen haben, eine starre hinten und eine lenkbare vorn. Außer dem «Rechtsgang» muß es einen «Linksgang» geben, damit der Wagen auch in Linkskurven funktioniert. Damit nicht genug! Da das Getriebe die Drehung des Wagens nur für einen bestimmten Kurvenradius rückgängig macht und die Figur auf exaktem Kurs hält, brauchte man für beliebige Kurven ein stufenloses Getriebe. Die aufgezählten Mängel machen es wahrscheinlich, daß ein so konstruierter Südweiser nur sehr unvollkommen funktioniert haben kann. Zur Zeit jenes Berichts war in China allerdings schon der Magnetkompaß erfunden. Es ist denkbar, daß ein im Innern des Wagens verborgener Lenker die Deichsel nach einer schwimmenden Magnetnadel ausgerichtet haben könnte, ein Regelmechanismus mit einem Menschen als Regler. Im übrigen erfährt der Leser aus dem Bericht des Chronisten etwas mehr über das Erscheinungsbild des südweisenden Wagens jener Zeit. Das Gefährt war über drei Meter lang und hoch und fast drei Meter breit. Außer der hölzernen Figur des Unsterblichen im Zentrum standen an den Ecken des Gefährts vier Knabenfiguren, die ebenfalls nach Süden zeigten.

Eine moderne Südweiser-Konstruktion: Die Idee geht auf den Ingenieur George Lanchaster zurück, der 1947 ein Modell des Südweisers mit einem Differentialgetriebe als dem wesentlichen Steuerungselement vorstellte. Differentialgetriebe dienten schon 150 Jahre, bevor der Engländer Starley sie 1879 als Ausgleichsgetriebe in den Automobilbau einführte, im Uhrenbau zur Korrektur der «Zeitgleichung» (dem Unterschied zwischen der wahren und der mittleren Sonnenzeit). Es ist aber nirgendwo ein Hinweis zu finden, daß die Chinesen sie schon 1000 Jahre früher gekannt und in ihren Südweisern angewendet hätten. Die Konstruktion, die hier zum Nachbau vorgeschlagen wird, unterscheidet sich von Lanchasters Vorbild durch die säuberliche Trennung der beiden Konstruktionselemente: klassisches

Schema des Südweiser-Getriebes

1, 11 rechtes und linkes Wagenrad; 2, 4 Achswellen-Kegelräder; 3 ortsfestes Wenderad; 5 Achsen-Tellerrad; 6 horizontales Tellerrad (auf der gleichen Welle mit der südweisenden Figur; beim Automobil auf der Antriebswelle); 7, 9 Achswellen-Kegelräder (Sonnenräder); 8, 10 Ausgleichsräder (Planetenräder; ihre gemeinsame Achse ist durch einen starren Winkel mit dem Tellerrad (5) verbunden); R Radius der Wagenräder; d Radabstand (Spurweite)

Kegelrad-Ausgleichsgetriebe (wie im Automobil) und «Wendegetriebe».

Die Zahnräder (2) bis (9) sind sämtlich Kegelräder, die rechtwinklig miteinander «kämmen». Alle kämmenden Kegelradpaare haben in dieser Konstruktion die gleiche Zähnezahl, sind also gleich groß. Das gilt auch für die Tellerräder (5) und (6), die größer als die Planetenräder (8) und (10) sein müssen, um sie nicht in ihrer Bewegung zu behindern. Die Räder (2) und (9) laufen mit den Wagenrädern (1) bzw. (11) mit. Die gemeinsame Welle der Kegelräder (4) und (7) dreht sich frei durch das Achsen-Tellerrad (5) hindurch. Das Getriebe erfüllt, wie noch gezeigt wird, die Aufgabe eines Südweiser-Getriebes bei der Fahrt in der

Ebene, wenn die Räder rollen und nicht rutschen und der Raddurchmesser gleich der Spurweite ist:

$$d = 2R \quad \text{(Südweiser-Bedingung)}.$$

Um den Mechanismus zu studieren, beginnen wir mit den Wagenrädern und nehmen an, daß der Wagen eine Linkskurve vom Radius ρ (von der Mitte zwischen den Rädern gemessen) fahre. Bei der Wendung um den Winkel α drehen sich die beiden Räder um gewisse Winkel ϕ_r bzw. ϕ_ℓ. In der Figur sind die Radebenen und der Kurvenbogen in die gleiche Ebene geklappt. Sollen die Räder abrollen und nicht rutschen, müssen die durchfahrenen Kurvenbögen und die auf den Radumfängen abgerollten Bögen gleich groß sein, $\phi_r R = (\rho + d/2)\alpha$ und $\phi_\ell R = (\rho - d/2)\alpha$, woraus folgt:

$$\phi_r - \phi_\ell = d\alpha/R.$$

Bei Geradeausfahrt gilt speziell $\phi_r = \phi_\ell$ und $\alpha = 0$ (sowie $\rho = \infty$, wie man sich überlegt). Zu Linkskurven gehören positive, zu Rechtskurven negative Werte von α.

Als nächstes studieren wir das Umkehrgetriebe. Dreht sich das rechte Wagenrad (1) um den Winkel ϕ_r, so auch das mit ihm verbundene Kegelrad (2). Das Wenderad (3) kehrt den Drehsinn um, indem es das Kegelrad (4) und das mit ihm durch die Welle verbundene Kegelrad (7) um den Winkel $\phi'_r = -\phi_r$ dreht.

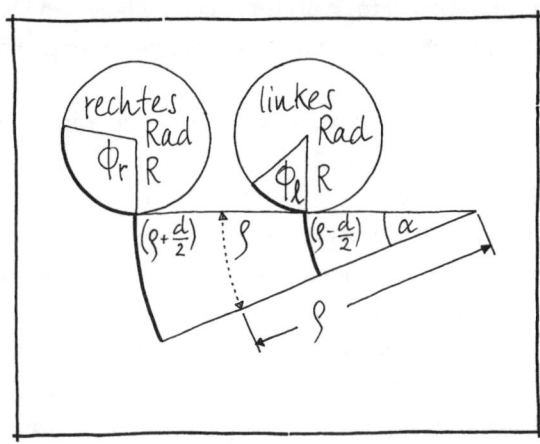

Das Differential- oder Ausgleichsgetriebe ist das schwierigste Element der Konstruktion, weil zu seinem Verständnis etwas räumliches Vorstellungsvermögen gebraucht wird. Drehen sich die Kegelräder (7) und (9) um die Winkel ϕ'_r bzw. ϕ_ℓ, so wird die gemeinsame Achse der Planetenräder (8) und (10) und mit ihr das Tellerrad (5) um ihr arithmetisches Mittel $\Phi = (\phi'_r + \phi_\ell)/2$ gedreht (die gegensinnigen Eigendrehungen der beiden Planetenräder um den halben Differenzwinkel sind irrelevant). In der Mittelung zeigt sich die Bedeutung des Differentials als Ausgleichsgetriebe. Im Automobil ist die Welle des Südweisers die Antriebswelle. Dank des Differentials können die beiden Räder der Antriebsachse unterschiedlich große Kurvenbögen durchfahren, ohne zu rutschen. Mit dem Tellerrad (5) wird auch das Tellerrad (6) und damit die Welle des Südweisers um den Winkel

$$\Phi = (\phi'_r + \phi_\ell)/2 = (\phi_\ell - \phi_r)/2$$

relativ zum Wagen gedreht. Soll die südweisende Figur tatsächlich immer in dieselbe Himmelsrichtung deuten (nach Süden, wenn sie zu Anfang dahin gerichtet wurde), müssen sich die Drehung des Wagens und die Relativdrehung der Figur gerade aufheben:

$$0 = \Phi + \alpha = \left(\frac{R}{d} - \frac{1}{2}\right)(\phi_r - \phi_\ell).$$

Bei Geradeausfahrt ($\phi_r = \phi_\ell$) hält der Südweiser selbstverständlich seine Richtung. Bei Kurvenfahrt ($\phi_r \neq \phi_\ell$) tut er ebenfalls seinen Dienst, wenn $d = 2R$ oder die Spurweite gleich dem Raddurchmesser gewählt wird.

Mißweisungen: Der beschriebene Südweiser funktioniert nach seiner Konstruktion auf vollkommenen Ebenen fehlerfrei. Bei der Fahrt auf Bergkegeln oder in Talkesseln (gekrümmten Flächen), doch auch schon bei kleinen Unebenheiten auf sonst ebenem Boden, weicht die Anzeige mehr oder weniger stark von der Zielrichtung ab. Die «weiten Ebenen», von denen die historischen Berichte erzählen, sind nicht von mathematischer Perfektion, sondern bedeuten Wüsten voller Geröllberge oder mit Flußläufen durchsetztes Tiefland. Daher drängt sich die Frage auf, wie zuverlässig die Anzeige des Südweisers unter dem Einfluß von Unebenheiten bleibt, die sich zufällig über eine ungefähre Ebene verteilen.

Eine einzelne Bodenerhebung, über die der Wagen, beispielsweise, mit seinem linken Rad fährt, würde bei Geradeausfahrt den Weg des Rades um einen Betrag ΔL verlängern und zu einer Mißweisung der südweisenden Figur nach links führen. Der Wagenführer, der sich nach dem Südweiser richtet, lenkt deshalb den Wagen in eine Linkskurve und gleicht die falsche Stellung der Figur durch eine Falschorientierung $\Delta\alpha$ des Wagens aus. Während das rechte Rad dabei den Weg $R\phi_r = L + (\rho + d/2)\Delta\alpha$ zurücklegt, rollt das linke Rad die Strecke $R\phi_\ell = L + \Delta L + (\rho - d/2)\Delta\alpha$. Für die scheinbare Geradeausfahrt, in die der Wagen gelenkt wird, ist $\phi_r = \phi_\ell$. Die Fehlorientierung hängt deshalb gemäß $\Delta\alpha = \Delta L/d$ von der Unebenheit ab.

Die einfachste Schätzung der Zuverlässigkeit des Südweisers stützt sich auf ein Gedankenmodell, das mit dem Namen Jakob Bernoullis verbunden wird. Im Einklang mit der Voraussetzung, daß die Unebenheiten (im stochastischen Sinne) gleichmäßig verteilt sind, nehmen wir an, daß der Wagen auf seinem Wege jeweils nach der Strecke ℓ

mit gleicher Wahrscheinlichkeit 1/2 eine Richtungsänderung um $+\Delta\alpha$ oder $-\Delta\alpha$ erfährt. Nach der Strecke $s = n\ell$ ($n = 1, 2, 3, \ldots$), das heißt nach n Schritten, hat er mit der Wahrscheinlichkeit

$$P_n(m) = \binom{n}{m} 2^{-n}$$

m Richtungsänderungen um $+\Delta\alpha$ und $n-m$ Richtungsänderungen um $-\Delta\alpha$ erfahren. Der Binominalkoeffizient

$$\binom{n}{m} = \frac{n(n-1)\ldots(n-m+1)}{1 \cdot 2 \cdot \ldots \cdot m} = \frac{n!}{m!(n-m)!}$$

gibt die Zahl der Möglichkeiten an, die m positiven aus den insgesamt n Richtungsänderungen auszuwählen. Die resultierende Mißweisung, die ebenfalls mit der Wahrscheinlichkeit $P_n(m)$ eintritt, ist $\alpha(m) = (2m-n)\Delta\alpha$. Praktisch interessiert der Erwartungswert (Mittelwert) der Verteilung,

$$\bar{\alpha} = \sum_{m=0}^{n} \alpha(m) P_n(m),$$

der wegen der Gleichwahrscheinlichkeit von Richtungsänderungen nach links und rechts gleich null ist: $\bar{\alpha} = 0$. Mit anderen Worten: Im Mittel zeigt der Richtungsweiser die richtige Richtung an.

Die Unsicherheit der Anzeige wird durch die Standardabweichung (Streuung) σ gemessen, deren Quadrat (dank $\bar{\alpha} = 0$) einfach gleich dem Erwartungswert von α^2 ist:

$$\sigma^2 = \sum_{m=0}^{n} \alpha^2(m) P_n(m) = n(\Delta\alpha)^2.$$

Die Rechnung zu diesem Ende ist elementar, aber zu langwierig für diesen Aufsatz. Setzt man für n und $\Delta\alpha$ die oben angegebenen Werte ein und zieht die Quadratwurzel, so ergibt sich die Standardabweichung zu

$$\sigma = \frac{\Delta L}{d} \sqrt{\frac{s}{\ell}}.$$

Das Ergebnis zeigt: Wie klein auch die Störungen ΔL (gemessen an der Spurweite d) sein mögen und wie gering ihre Häufigkeit (gemessen durch den Abstand ℓ) ist, die Unsicherheit σ der Orientierung überschreitet jede Schranke, wenn der Weg s nur lang genug ist. Für ein Zahlenbeispiel setzen wir $d = 3$ m, $\Delta L = 1$ m, $\ell = 100$ m und $\sigma = \pi$ oder 180° (Kehrtwendung!). Dann ist spätestens nach dem Weg $s = 9$ km kein Verlaß mehr auf den Südweiser. Schade! Aber er ist trotzdem ein erstaunliches Spielzeug.

Der Geodätenfinder: In der Ebene fährt ein Südweiser, dessen Zeiger sich in bezug auf das Fahrzeug nicht dreht, auf dem kürzesten Wege, das heißt auf gerader Linie. Welcher Kurve folgt er auf einer gekrümmten Fläche, zum Beispiel auf der Oberfläche einer Kugel? Auf der Kugel folgt er einem Großkreis. Die Großkreise auf der Kugel entsprechen den Geraden in der Ebene und sind wie sie die kürzesten Verbindungen zweier Orte. Von dieser Eigenschaft der Großkreise macht der Flugverkehr nützlichen Gebrauch. Verkehrsflugzeuge, die bei Flughöhen von etlichen Kilometern keine Rücksicht auf Meere und Gebirge zu nehmen brauchen und für die die Erde so gut wie eine Kugel ist, fliegen vorzugsweise auf Großkreisen, sparen dabei Treibstoff und gewinnen Zeit, sofern keine widrigen Winde oder Überflugverbote es verhindern.

Was zeigt ein Südweiser an, der auf einer anderen Kurve (in der Ebene zum Beispiel auf einem Kreis, auf der Kugel zum Beispiel auf einem Breitenkreis) geführt wird? Das Verhältnis der Drehung $\Delta \alpha$ seines Zeigers zu dem Wegstück Δs gibt (in der Grenze $\Delta s \to 0$) die Krümmung seiner Bahnkurve an, und zwar um so genauer, je kleiner die Spurweite d des Wagens, gemessen an den Krümmungsradien der Fläche, auf der Kugel dem Kugelradius R, ist. $\Delta \alpha / \Delta s = \kappa_g$ ist der Anteil der Krümmung der Kurve, der in die Tangentialebene der Fläche fällt. Die Geometer nennen ihn die «geodätische Krümmung». Wird der Südweiser bei konstanter Richtung seines Zeigers in bezug auf das Fahrzeug («Parallelübertragung» des Zeigers) gefahren, ist die geodätische Krümmung null. Solche Bahnkurven heißen «geodätische Linien» und besitzen auf beliebigen krummen Flächen die gleiche Eigenschaft wie die Geraden der Ebene und die Großkreise der Kugel: Sie sind die kürzesten Verbindungen all ihrer Punkte. Mit Hilfe eines Südweisers kann man daher auf beliebige Flächen die geodätischen Linien zeichnen.

Röhrentelefone

Das Haustelefon: «Melanie, Papier!» drang der Hilferuf einer Frauenstimme aus dem Lüftungsschacht, der mein fensterloses Badezimmer mit den entsprechenden Installationen in den anderen Geschossen unseres sogenannten Hochhauses verband. Der selbstverständlich nicht für meine Ohren bestimmte Notruf kam aus dem Bad sechs Stockwerke über mir. Die Entfernung konnte ich zwar nicht schätzen, aber ich erkannte die Stimme so deutlich wie aus dem Nebenzimmer. Der Klang war ein bißchen blechern, als hätte Frau C. in eine Gießkanne gesprochen. Die meisten Bewohner eines Mietshauses, vor allem die Erwachsenen, finden ein Lauschrohr um so lästiger, je besser es den Schall leitet – ganz anders die Kinder. Sie haben große Freude daran, sich abends von Badewanne zu Badewanne durchs Lüftungsrohr, sozusagen in Konferenzschaltung, zu unterhalten und die Lauscher an den anderen Terminals durch zweideutige Geräusche zum Lachen zu bringen.

Zur Geschichte: Sprechrohrleitungen waren nach Franz Maria Feldhaus («Ruhmesblätter der Technik», Leipzig, 1926) schon im Altertum bekannt. In den Häusern vornehmer Römer wurde die Ankunft von Besuchern durch Sprechrohre von der Pforte ins Haus gemeldet. Ähnliche Einrichtungen waren zu verschiedenen Zwecken bis zur Einführung elektrischer Telefone weit verbreitet. Im Brockhaus von 1898 wird noch berichtet, daß «Kommunikationsrohre ... in ausgedehnten Geschäften dem mündlichen Verkehr zwi-

schen getrennt liegenden Zimmern dienen». Auf kleineren Schiffen verbinden bis heute Rohrtelefone die Kommandobrücke mit dem Maschinenraum, allerdings nur als Redundanzeinrichtungen für den Notfall. Wer als Flugpassagier in der Touristenklasse gereist ist, wird sich vielleicht an die Kopfhörer erinnern, die im wesentlichen zwei Plastikschläuche mit Ohrsteckern waren. Schlauchkopfhörer waren wegen der überhandnehmenden Souvenirdiebstähle lange Zeit die billigste Lösung für den Hörfunkanschluß der Passagiere, erklärte mir die Lufthansa-Zentrale.

Ein Relief der Verkündigung Mariä an der Marienkapelle zu Würzburg, das um 1425 entstand, macht plausibel, daß Schlauchtelefone zu jener Zeit wenigstens unter Gebildeteren bekannt gewesen sein müssen. Kein Geringerer als Gottvater bedient sich eines Schlauchtelefons, um Maria mitzuteilen: «Ich sende dir ein Kind.» Gott spricht in den oberen Trichter des vom Himmel herabhängenden Schlauches, und Maria empfängt die Botschaft aus dem Horchtrichter am unteren Ende! Das Jesuskind rutscht – wie praktisch! – am Schlauch zu Maria herab. Feldhaus vermutet, daß dem unbekannten Künstler die Luft- und Sprechrohre von Taucheranzügen Modell standen.

Auch über die Dämpfung des Schalles durch das Mitschwingen der Rohrwand hat man sich schon vor über 400 Jahren Gedanken gemacht. 1589 schrieb der italienische Gelehrte Giambattista della Porta: «Die Röhre muß aus Ton, besser noch aus Blei oder irgendeinem andern Stoff hergestellt und gut verschlossen sein, damit nicht die Stimme auf weite Entfernung zu schwach werde (in heutiger Sprechweise: das Rohr soll «schallhart» sein). Was man dann auch ins eine Ende hineinspricht, die Stimme wird unverfälscht und klar, wie sie aus dem Munde des Sprechenden kommt, zu den Ohren des anderen dringen. Es scheint unzweifelhaft, daß dies auf mehrere tausend Schritte möglich sein muß.» Mehrere Kilometer sind eine zu großzügige Schätzung, aber mein Schlauchtelefon von 25 Metern Länge bei drei Zentimeter Innendurchmesser, in das als Sprech- und Hörmuschel an beiden Enden je ein gewöhnlicher Haushaltstrichter gesteckt ist, funktioniert vorzüglich. Das Rohr darf sogar gekrümmt sein, vorausgesetzt, der Rohrdurchmesser bleibt klein gegen den Krümmungsradius. Man könnte denken, daß der Schall beim Eintritt ins Rohr und beim Wiederaustritt am anderen Ende stark gedämpft würde, weil die Öffnung der Trichter an ihrer engsten Stelle viel kleiner als der Rohrquerschnitt ist. Daß das nicht der Fall ist, kann man anhand einer Analogie verstehen. In den Schalldämpfern von Autos und Motorrädern findet man eine größere Zahl von Lochscheiben, die den Abgasstrom zur Lärmminderung in einer Kaskade drosseln. Eine einzige Drosselscheibe würde den Motorenlärm kaum verringern.

Schallwellenleiter: Statt des Schalls im Schlauchtelefon oder Sprechrohr studieren wir als «ebene» Analogie die Schallausbreitung in der Luftschicht zwischen zwei parallelen Wänden im Abstand a. Wir untersuchen «reine Töne», das heißt ungedämpfte harmonische Schwingungen gegebener Frequenz (Tonhöhe) f. Ein Beobachter, der gedanklich mit einer solchen Welle am Rohr entlang mitläuft, sieht ein unverändliches («eingefrorenes») Wellenmuster, durch das die Luft hindurchströmt. Um mit den «Phasen» der Welle Schritt zu halten, muß der Beobachter mit der (im allgemeinen von der Schallfrequenz abhängigen) Phasengeschwindigkeit c_{PH} laufen. Dabei muß er ganz schön schnell sein, wie wir sehen werden. In

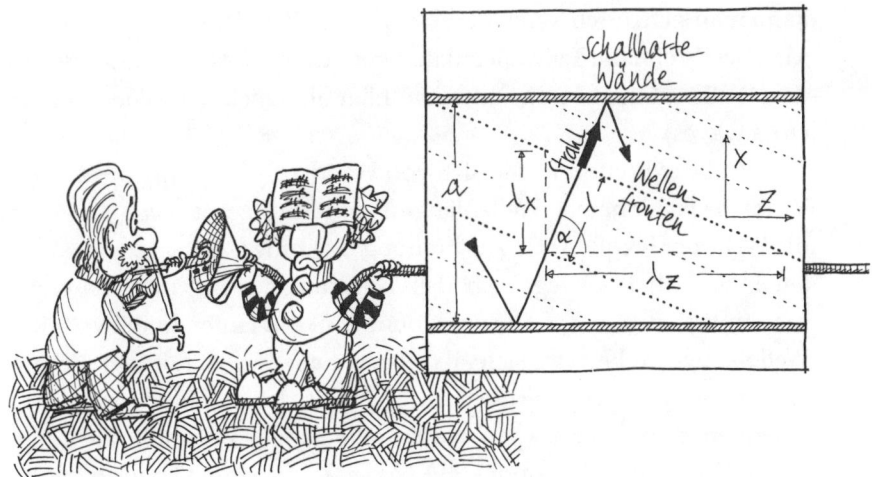

diesem Bezugssystem kann er die Wellen abzählen. In einer Sinuswelle sind Wellenknoten (Flächen, auf denen die Schallschnelle null ist) eine halbe Wellenlänge voneinander entfernt. Wellen mit ebenen Wellenfronten (kurz: ebene Wellen) sind wie im freien Raum für beliebige Frequenzen möglich. Sie laufen mit der Schallgeschwindigkeit c (c = 340 Meter in der Sekunde oder 1224 Stundenkilometer unter Normalbedingungen), die mit der Frequenz f und der Wellenlänge λ in der Beziehung $c = \lambda f$ steht. Die Zahl der Wellen pro Längeneinheit (Wellenzahl) ist daher $n = 1/\lambda = f/c$.

Außer den ebenen Wellen können sich im Kanal Oberwellen ausbreiten, in denen die Luft nicht nur in Ausbreitungsrichtung, sondern auch senkrecht zu den Wänden, das heißt in x-Richtung, schwingt. Die Querbewegung ist durch die parallelen Wände in ihrer Bewegung behindert. Feste Wände wirken «schallhart» (ebenso massive Rohre und sogar gewebeverstärkte Schläuche, z. B. Gartenschläuche). Schallharte Reflexion bedeutet: die zur Wand senkrechte Komponente der Schallschnelle verschwindet an der Wand. Damit das an beiden Wänden der Fall ist, muß die Querbewegung eine stehende Welle sein, die durch die Überlagerung zweier gegenläufiger Wellen entsteht. Wie in der Abbildung gezeichnet, betrachten wir eine ebene Teilwelle, die sich unter dem Winkel α gegen die Rohrachse ausbreitet. Die gegenläufige Welle unter dem Winkel $(-\alpha)$, mit der zusammen sie die Oberwelle bildet, kann man sich durch Reflexion an der festen Wand entstanden denken. Man beschreibt die Teilwellen daher gern durch die Richtungen der zu den Wellenfronten senkrechten Strahlen als «Zickzackwellen» (crisscross waves).

Auf der Breite a lassen sich von Wand zu Wand nur ganzzahlige Vielfache m der halben Wellenlänge λ_x unterbringen: $a = m\lambda_x/2$. Wenn die Welle der Frequenz f in Ausbreitungsrichtung (z-Richtung) die Wellenlänge λ_z hat, bewegt sich das Wellenmuster mit der Phasengeschwindigkeit $c_{PH} = \lambda_z f$. Die unter dem Winkel α laufende Teilwelle der Wellenlänge λ bewegt sich als ebene Schallwelle mit der Schallgeschwindigkeit c, für sie gilt daher $c = \lambda f$. In der Abbildung kann man erkennen, daß die Projektionen der Wellenlänge in z- und x-Richtung, λ_z bzw. λ_x, größer als λ sind: $\lambda_z = \lambda/\cos\alpha$, $\lambda_x = \lambda/\sin\alpha$. Daraus folgt der Zusammenhang: $\dfrac{1}{\lambda_x^2} + \dfrac{1}{\lambda_z^2} = \dfrac{1}{\lambda^2}(\sin^2\alpha + \cos^2\alpha) = \dfrac{1}{\lambda^2}$. Mit den oben angegebenen Bedeutungen von λ_x, λ_z und λ folgt die «Dispersionsrelation»

$$c_{PH} = \frac{c}{\sqrt{1 - \left(\dfrac{mc}{2af}\right)^2}}.$$

Aus ihr entnimmt man zur Kontrolle, daß die Phasengeschwindigkeit der ebenen Welle ($m = 0$) die Schallgeschwindigkeit ist, die nicht von der Schallfrequenz abhängt. Die Phasengeschwindigkeit der Oberwellen ($m > 0$) hängt von der Frequenz f ab, das heißt, Oberwellen haben «Dispersion». Für sie ist c_{PH} größer als die Schallgeschwindigkeit c. Die Phasengeschwindigkeit kann in der Luft also keine Signalgeschwindigkeit sein. Dafür gibt es eine einfache Veranschaulichung: Läßt man zwei Lineale unter sehr spitzem Winkel übereinander weglaufen, bewegt sich ihr Schnittpunkt mit großer oder, falls die Lineale sich nicht verbiegen, sogar mit beliebig großer Geschwindigkeit.

Die erste Oberwelle ($m = 1$) kann sich nur ausbreiten, wenn ihre Frequenz f größer als $c/2a$ ist (andernfalls wäre c_{PH} nicht reell). Bei einer Weite von $a = 3$ cm gibt es Oberwellen nur für Frequenzen f über 5666 Hz. Diese Töne, die höher als das fünfgestrichene f liegen, gibt es nicht einmal auf dem Klavier. Die Zahlenangabe gilt für die Schicht, aber für Rohre von 3 cm Durchmesser folgt zahlenmäßig fast das gleiche Ergebnis. Ein Schlauchtelefon läßt daher wie der «ebene» Wellenleiter die unerwünschten Oberwellen, die den Schall verzerren, bei engem Rohr nur für hohe Frequenzen durch, die im Umfang der menschlichen Stimme kaum enthalten sind.

Weite Schallrohre mit Durchmessern, die im Vergleich zur Wellenlänge des übertragenen Schalls nicht mehr klein sind, lassen auch Oberwellen passieren. Beispiele dafür sind die Echorohre, die man in physikalischen Experimentiermuseen findet, zum Beispiel im Exploratorium in San Francisco. Besonders große Echorohre, deren Sinn nicht die unverzerrte Übertragung von Schall, sondern die Erzeugung ungewöhnlicher Sphärenklänge war, gab es 1984 einen Sommer lang auf der spektakulären Ausstellung «Phänomena» in Zürich und im folgenden Jahr auf der «Fenomena» in Rotterdam.

Schalldämpfung: Mit welcher Lautstärke und mit welchem Tonspektrum wird der am Eingang eingespeiste Schall am anderen Ende des Schlauches empfangen? Die Schalldämpfung im Rohr hat zwei Ursachen, erstens die Reibung und die Wärmeleitung in einer dünnen «Grenzschicht» an der Wand und zweitens die Schallabstrahlung in die Umgebung durch die mitschwingende Rohrwand. Die Dämpfung durch Reibung und Wärmeleitung ist seit dem vorigen Jahrhundert von vielen bedeutenden Forschern untersucht worden, beginnend mit Helmholtz, Kirchhoff und Rayleigh. Sie wächst mit der Frequenz f, nach einer Faustformel proportional zu $\sqrt{f}$. Da der hörbare Schall rund acht Oktaven umfaßt und sich bei einem Oktavsprung die Frequenz verdoppelt, wächst die Dämpfung vom tiefsten zum höchsten Ton etwa um den Faktor $2^4 = 16$. Hohe Töne werden also stärker gedämpft als tiefe. Der empfangene Schall sollte sich danach nicht nur leiser, sondern auch dumpfer anhören. Ich habe das experimentell nicht geprüft. Vielleicht können die Leser Experimente machen und mir ihre Erfahrungen mitteilen. Über den zweiten Mechanismus der Schalldämpfung, die Abstrahlung von Schall durch die Rohrwand, ist

wenig bekannt, obwohl er nach Meinung maßgeblicher Akustiker selbst bei festen Rohren (zum Beispiel gewebeverstärktem Gummischlauch) mehr zur Schalldämpfung beitragen kann als Reibung und Wärmeleitung. Theoretische Voraussagen über die Strahlungsdämpfung sind schwer, weil die Materialdaten der Schläuche meist nur ungenau bekannt sind.

Das Geheimnis des Bohrhammers

Nur zwei Zustände: In den Physikalischen Sammlungen des Deutschen Museums in München steht ein unauffälliges Pendel. In einem stählernen Rahmen sind eine große und eine kleine Stahlkugel an je zwei Fäden in gleicher Höhe aufgehängt und können sich in der tiefsten Lage stoßen. Aufmerksamen Beobachtern stellt das Spielzeug eine Frage. Lenkt man die kleine Kugel aus der Ruhe aus, schwingt sie zurück und stößt gegen die große. Sie setzt sie in Bewegung und prallt dabei selbst ein Stück zurück. Danach schwingen beide Pendel eine Halbperiode und stoßen sich bei der Rückkehr an derselben Stelle zum zweitenmal. Die große Kugel kommt wieder zur Ruhe, und die kleine schwingt auf ihre ursprüngliche Höhe zurück. Dieser Vorgang wiederholt sich. Offenbar gibt es nur zwei Zustände der Bewegung, übrigens auch dann, wenn man das Pendelspiel in anderer Weise startet. Wie kann man das verstehen? Ersetzt man das ungleiche Paar durch zwei gleich große Kugeln, «entartet» die Bewegung zu zwei spiegelgleichen Schwingungen, in denen die Kugeln abwechselnd zur Ruhe kommen wie in dem bekannten Mariotteschen Kugelstoßpendel oder «Klick-Klack».

Impulsgerade und Energieellipse: Beim Stoß werden die Kugeln in der Umgebung der Berührstelle wie elastische Federn zusammengedrückt, Stahlkugeln von wenigen Zentimetern Durchmesser bei den im Stoßpendel verwirklichten Geschwindigkeiten von größenordnungsmäßig 1 m/s nur um wenige hundertstel Millimeter. Bei ihrer Entspannung geben sie die gespeicherte Energie nahezu vollständig zurück. Während der Stoßdauer von wenigen tausendstel Sekunden wachsen die Stoßkräfte bis zu mehreren tausend Newton, die auf der Erde das Äquivalent des Gewichts von mehreren hundert Kilogramm sind.

Stoßen sich die Kugeln im rechten Winkel zu den Aufhängefäden, üben sie nur Stoßkräfte aufeinander aus, und ihr Gesamtimpuls p_0 bleibt im Stoß ungeändert. Mit den Bezeichnungen m bzw. M für die Massen und v bzw. V für die Geschwindigkeiten der Kugeln (ohne Index nach dem Stoß und mit dem Index 0 vor dem Stoß) gilt daher:

$$MV + mv = MV_0 + mv_0 = p_0 \quad \text{(Impulserhaltung)}.$$

Für den ersten Stoß gilt speziell $V_0 = 0$, weil die große Kugel anfangs ruht, und $v_0 = -\sqrt{2gh}$, wenn die kleine Kugel in der Höhe h losgelassen wird und von rechts nach links fliegt. Dabei ist $g \approx 10 \text{ m/s}^2$ die Schwerebeschleunigung auf der Erde.

Die Zustände vor und nach dem Stoß, gegeben durch die Geschwindigkeiten beider Kugeln, lassen sich als Punkte in einer Ge-

schwindigkeitsebene mit den Koordinatenachsen v und V darstellen. Der Erhaltungssatz des Impulses ist darin eine Gerade, die Impulsgerade, die den Ausgangszustand $A\,(v_0, V_0)$ mit allen Zuständen (v, V) verbindet, die mit der Impulserhaltung verträglich sind.

In welchen Punkt B der Impulsgerade das Zweikugelsystem durch den Stoß gebracht wird, hängt vom Material und von der Oberflächenbeschaffenheit der Kugeln ab. Verwenden wir polierte Kugeln aus hervorragend elastischem Material, wie es Stahl ist, geht in einem Stoß außerordentlich wenig Bewegungsenergie durch bleibende Verformungen und Erwärmung der Kugeln verloren. Unter dieser Voraussetzung bleibt die Summe der Energien $mv^2/2$ und $MV^2/2$ beider Kugeln, die Gesamtenergie E_0, im Stoß unverändert:

$$\frac{M}{2}V^2 + \frac{m}{2}v^2 = \frac{M}{2}V_0^2 + \frac{m}{2}v_0^2 = E_0 \quad \text{(Energieerhaltung)}.$$

Auch diese Gleichung läßt sich im Geschwindigkeitsplan deuten: Die Zustände (v, V) gleicher Energie E_0 liegen auf einer Ellipse mit den Halbachsen $a = \sqrt{2E_0/m}$ und $b = \sqrt{2E_0/M}$. Impulsgerade und Energieellipse haben genau zwei Schnittpunkte, den Ausgangszustand A: $(v_0, V_0) = (-a, 0)$ und den Zustand B:

$$(v_B, V_B) = \left(\frac{(M-m)a}{M+m}, -\frac{2ma}{M+m} \right),$$

den das System durch den Stoß erreicht. Das ist eine algebraische Antwort auf die eingangs gestellte physikalische Frage, warum es nur zwei Bewegungszustände gibt.

Die anschließende Pendelbewegung kehrt die Richtungen beider Geschwindigkeiten um, das System wandert von B in den Spiegelpunkt B' des Geschwindigkeitsplans. Zu dem neuen Zustand gehört eine Impulsgerade zum Gesamtimpuls $-p_0$. Der zweite Stoß bringt das System von B' nach A'. Dadurch kommt die große Kugel zur Ruhe, während die kleine von A' zum Ausgangspunkt A im Geschwindigkeitsplan zurückpendelt. Damit schließt sich der Zyklus. Wären Impuls- und Energieerhaltung in Strenge erfüllt, würde sich die Bewegung bis in alle Ewigkeit periodisch wiederholen.

A propos Pendelbewegung: Wieso treffen sich beide Kugeln zum zweiten Stoß an derselben Stelle, obwohl die kleinere Kugel bei erheblichem Massenunterschied einen viel weiteren Weg zurücklegt als die große? Wenn der Kugelradius klein im Vergleich zur Fadenlänge ist – dazu genügt schon, daß der Faden etwa fünfmal so lang ist wie der Kugelradius –, kann man bei kleinen Schwingungsweiten die räumliche Ausdehnung der Kugeln und ihre Drehungen außer Betracht lassen. Die Pendel verhalten sich dann wie mathematische Pendel (Massenpunktpendel), deren Schwingungsdauer T bei kleinen Schwingungsweiten nur von der Pendellänge ℓ abhängt, gemessen bis zu den Kugelmittelpunkten: $T = 2\pi\sqrt{\ell/g}$. Beide Pendel schwingen also in der Pendelphase, die sich im Geschwindigkeitsplan als Weg von B nach B' bzw. von A' nach A mit den Umkehrpunkten der Schwingungen im Nullpunkt $v = V = 0$ abzeichnet, synchron und finden sich im tiefsten Punkt der Schwingung gleichzeitig zum nächsten Stoß ein.

Ein Paradox: Wir wiederholen das Spiel mit den ungleichen Kugeln in anderer Form. Beide Kugeln werden gleich hoch auf Fahrgestelle einer H0-Bahn montiert und auf Schienen gesetzt. Mit Schwung lassen wir die kleine Kugel gegen die ruhende große prallen. Dabei geschieht nichts Unerwartetes. Die große Kugel setzt sich in Bewegung, die kleine prallt ein Stück zurück. Durch die Reibung in den Radlagern und auf den Schienen werden beide Kugeln danach allmählich gebremst und kommen spätestens an den Prellböcken zum Stillstand.

Wir ersetzen nun die große Kugel durch einen langen Zylinder (Masse M), die kleine Kugel durch einen kurzen Zylinder (Masse m), beide ebenfalls aus hochelastischem Stahl. Beim Vorführ-Experiment stehen ihre Längen und Massen im Verhältnis $\ell:L = m:M = 1:2$, wichtig wird aber nur sein, daß ℓ kleiner als L ist. Auch die Zylinder werden auf H0-Fahrgestelle montiert, damit sie reibungsarm und spurgenau auf Schienen fahren können. Wie vorhin der kleinen Kugel geben wir dem kurzen Zylinder einen Stoß und lassen ihn axial auf den ruhenden langen Zylinder prallen. Wenn sich die Erfahrung mit den Kugeln an den Zylindern bestätigt, muß der kurze Zylinder zurückprallen. Zur allge-

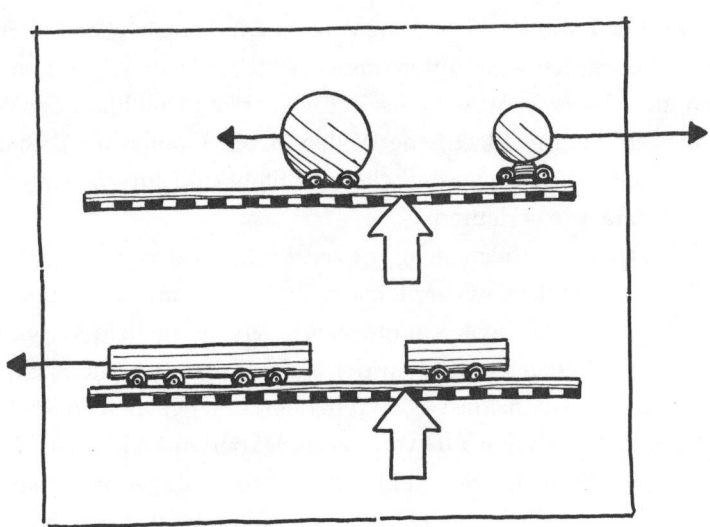

meinen Verblüffung bleibt er aber beim Stoß auf der Stelle stehen, während sich der lange Zylinder mit deutlich geringerer Geschwindigkeit in Bewegung setzt. Die Bilder zeigen den Zustand nach dem Zusammenstoß an der Stelle des Pfeils.

Hatte der kurze Zylinder unmittelbar vor dem Zusammenstoß die Geschwindigkeit v_0, muß nach diesem Ausgang des Experiments aus dem Impulssatz geschlossen werden, daß der lange Zylinder, genauer: sein Schwerpunkt, nach dem Stoß mit der kleineren Geschwindigkeit $V = (m/M)v_0$ läuft. Trotz seiner größeren Länge beträgt seine kinetische Energie $E = (M/2)V^2$ nur den gleichen Bruchteil der kinetischen Energie $E_0 = (m/2)v_0^2$, die vorher der kleine Zylinder hatte: $E = (m/M)E_0$. Wo ist der Rest der mechanischen Energie geblieben? In einem hochelastischen Material wie Stahl kann er nicht plötzlich der Materialdämpfung zum Opfer gefallen sein.

Zylinderstoß: Die beim Kugelstoß erfolgreiche Modellierung der Körper durch Punktmassen M und m versagt offenbar beim axialen Stoß zweier langgestreckter Zylinder. Eine befriedigende Erklärung des Zylinderstoßes läßt sich aber durch elastische Wellen geben, die sich in Stahl mit etwa 5100 m/s fünfzehnmal so schnell wie der Schall in der Luft ausbreiten und ungefähr dreieinhalbmal so schnell wie der Schall im Wasser. Die Längswellen im Stahlzylinder lassen sich sogar unter Wasser sichtbar machen. Querkontraktionen und Querexpansionen des Zylinders beim Durchlauf der Welle erzeugen im Wasser Mach'sche Wellen, deren Fronten im Verhältnis der Ausbreitungsgeschwindigkeiten im Stahl und im Wasser schräg zur Zylinderachse verlaufen.

Die Zylinder stoßen sich, gut zentriert, mit den ganzen ebenen Stirnflächen. Von dort aus breitet sich die Verdichtung nach links und rechts durch je eine ebene Kompressionswelle in die beiden Zylinder aus. An den ebenen Endflächen der Zylinder werden die Kompressionswellen als Expansionswellen reflektiert und heben beim Rücklauf die Verdichtung wieder auf. Von den reflektierten Wellen hat die im kurzen Zylinder die kürzere Laufzeit. Sie erreicht daher den Ursprung zuerst und kann in den langen Zylinder hinüberlaufen. Die vom fernen Ende des langen Zylinders zurückkehrende Expansionswelle kommt zu spät und wird an der bereits spannungsfreien Kontaktfläche reflektiert. Dabei löst sich endgültig der Kontakt der Stoßpartner.

Nun sind beide Wellen im langen Zylinder gefangen und treiben ihn in ähnlicher Weise vorwärts, wie ein Regenwurm kriecht. Man kann die Bewegung auch anders beschreiben, und zwar durch die Schwerpunktsbewegung mit überlagerten Längsschwingungen. In diesen Schwingungen steckt die Energie, die wir vorhin vermißten. Im Bild der Punktmechanik erscheint der Stoß «unelastisch».

Der Bohrhammer: Der Zylinderstoß, der schon 1857 von dem Königsberger Mathematiker Franz Neumann untersucht wurde, hat eine wichtige technische Anwendung im Bohrhammer gefunden. In diesem wirkungsvollen Bohrgerät, das sich zum Bohren durch hartes und sprödes Material wie Beton eignet, wird ein kurzer, frei fliegender Zylinder (Hammer) pneumatisch auf den Schaft (Amboß) des fast zehnmal so langen, drehenden Bohrers geschossen. Der größte Teil der Leistung des kurzen Zylinders geht dadurch in die hochfrequente Schwingung des Bohrers (von mehr als 10 000 Hz) über, die das Geheimnis der Durchschlagskraft des Bohrhammers ist. Anders kann es nicht sein, wenngleich ich in den wissenschaftlichen Arbeiten, die im Auftrag der großen Herstellerfirmen angefertigt wurden,

keinen überzeugenden theoretischen oder experimentellen Nachweis dafür finden konnte. Der Bohrhammer darf übrigens nicht mit dem Schlagbohrer verwechselt werden, in dem der Bohrer mit dem Schlagwerk kinematisch gekoppelt ist.

Kugeln und Zylinder: Warum verhalten sich elastische Kugeln beim Stoß grundlegend anders als elastische Zylinder? Auch in den Kugeln breitet sich die Wirkung des Zusammenstoßes durch elastische Wellen aus, aber verschieden von Zylindern gehen von der nur wenige Quadratmillimeter großen Berührzone Kugelwellen aus, die an den Kugeloberflächen vielfach reflektiert werden und sich durch Interferenz weitgehend auslöschen. Bevor die Kugeln sich wieder trennen, gehen sie sichtlich in ein Wellenmuster über, das, anders als bei den Zylindern, im wesentlichen die Schwerpunktsbewegung darstellt.

Als ich diese Ansicht vor längerer Zeit auf einer wissenschaftlichen Tagung äußerte, riefen gleich zwei Gruppen von Mathematikern aus Darmstadt und Berlin: «Wir verstehen etwas von Kugelfunktionen. Das muß sich rechnen lassen. Unbequem ist nur», fügte einer hinzu, «daß das Zentrum der Wellen nicht im Mittelpunkt, sondern auf der Oberfläche der Kugeln liegt». Die Aufgabe scheint schwieriger zu sein als gedacht, denn bis jetzt ist mir noch kein Ergebnis bekanntgeworden.

Wellenfahrplan: Zur übersichtlichen Darstellung der Wellenausbreitung in den Zylindern eignet sich ein Weg-Zeit-Diagramm oder «grafischer Fahrplan» mit der Lage x auf der Zylinderachse als Abszisse und der Zeit t als Ordinate. Die Koordinaten x sind «materialfest», d. h. die Ortsänderungen im Raum erscheinen nur in den Geschwindigkeiten.

Der längere Zylinder erstreckt sich auf der x-Achse von $-L$ bis 0, der kürzere Zylinder von 0 bis ℓ. Der Zusammenstoß beginnt bei $x = 0$ zur Zeit $t = 0$. Von dort aus läuft eine Wellenfront mit der Wellenausbreitungsgeschwindigkeit c (≈ 5100 m/s) nach rechts in den kürzeren, eine andere Wellenfront mit $-c$ nach links in den längeren Zylinder. Vor dem Eintreffen der Wellenfronten herrscht in beiden Zylindern noch

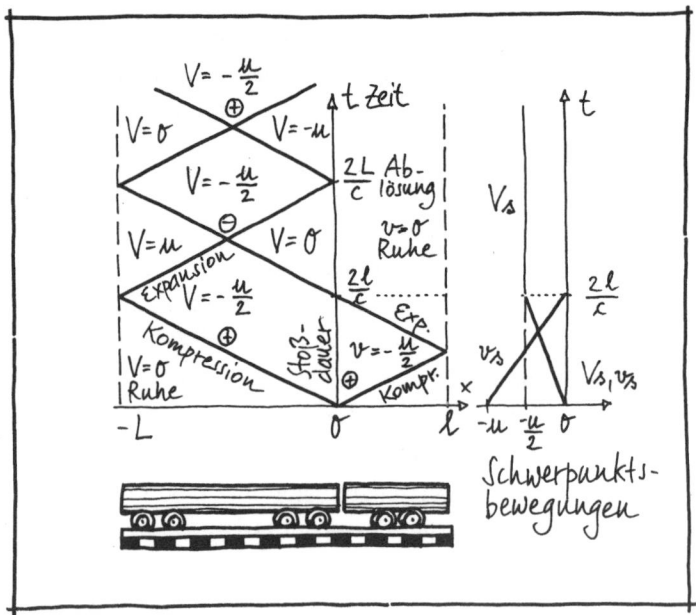

der Ausgangszustand, d. h. die Teile des längeren Zylinders, die noch nicht von der Welle erfaßt sind, ruhen noch, die Teile des kürzeren Zylinders, über die die Wellenfront noch nicht weggelaufen ist, bewegen sich noch mit $v_0 = -u$ nach links. Aus der Theorie der Wellengleichung für ein elastisches Material folgt ein sehr einfaches Wellenmuster: Die Wellenfront ist eine Unstetigkeit der Geschwindigkeit, der Spannung und der Dichte, die in der Kontinuumsmechanik «Stoß» genannt wird, zwischen den Wellenfronten ist der Bewegungszustand konstant. Anfänglich sind die Wellenfronten Verdichtungsstöße, in denen das Material verdichtet wird. An den freien Enden der Zylinder werden Verdichtungswellen als Verdünnungswellen reflektiert und umgekehrt. Gebiete mit Verdichtung und Verdünnung sind im Wellenfahrplan durch die Symbole $\oplus$ bzw. $\ominus$ gekennzeichnet. Es ist nicht möglich, diese Bewegungen mit dem Auge zu verfolgen. Die Stoßdauer – die Zeit $t = 2\ell/c$ bis zur Rückkehr der Wellenfront – beträgt im kürzeren Zylinder bei $\ell = 10$ cm nur etwa $4 \cdot 10^{-5}$ s; die Kontaktebene wandert in dieser Zeit um $-(u/2)t = -(\ell u)/c$, also für eine Auftreffgeschwindigkeit von $u = 0{,}5$ m/s etwa um $1/100$ mm.

Das Diagramm rechts neben dem Wellenfahrplan stellt die Schwerpunktsgeschwindigkeiten v_s bzw. V_s des kurzen und des langen Zylinders dar. Man kann daraus ablesen, wie die beiden Zylinder in der Stoßzeit (gleichförmig) verzögert bzw. beschleunigt werden.

Das Pendel auf dem Karussell

Das Foucault-Pendel: Die Geschichte des berühmten Pendelversuchs, der die tägliche Drehung unserer Erde direkt sichtbar werden läßt, begann mit einer einfachen Wahrnehmung, die jeder von uns auch mit Hilfe einer elektrischen Bohrmaschine machen kann. Es wird erzählt, der Physiker Jean Bernard Léon Foucault (1819–1868), ein genialer Autodidakt, habe sich darüber gewundert, daß ein längs in eine Drehbank eingespannter elastischer Stab, der zufällig durch einen Stoß in Querschwingungen geraten war, offensichtlich unbeeinflußt von der Drehung der Spindel in einer raumfesten Ebene vibrierte. Warum drehte sich die Schwingungsebene nicht mit? Phantasiereich übertrug Foucault das Gesehene in Gedanken auf die Erddrehung. Ein Fadenpendel, das man über dem Nordpol aufhängen würde, müßte analog zu dem Stab in der Drehbank seine Schwingungsebene unveränderlich zum Fixsternhimmel ausrichten, während die Erdoberfläche und mit ihr der Pendelgalgen sich entgegen dem Uhrzeiger drehten. Umgekehrt würde man am Nordpol der Erde die Schwingungsebene des Pendels mit dem Lauf der Sonne, das heißt im Uhrzeigersinn drehend erleben, im Verlaufe eines Sternentages (von 86 164 Sekunden «mittlerer Sonnenzeit») um volle 360 Grad. In Paris (genauer: am Ort des Panthéons, das bei $\Psi = 48°51'$ nördlicher Breite liegt) wäre die Drehung der Pendelebene um den Faktor $\sin \Psi = 0{,}753$ langsamer als am Pol und würde in einem Tag nur 271 Grad ausmachen. Die Drehung um 2π oder 360 Grad wäre dort erst nach annähernd

32 Stunden vollendet, und am Äquator wäre überhaupt keine Drehung zu beobachten.

Die Drehung auf dem Breitenkreis: Wie kann man verstehen, daß von der Erddrehung in der geographischen Breite Ψ nur der Anteil $\sin \Psi$ wirksam wird? Dieselbe Wirkung wie durch die Drehung der Erde läßt sich dadurch erreichen, daß man die Erde in Gedanken anhält, das Pendel auf einen Lkw lädt und diesen mit der Umfangsgeschwindigkeit $U = 2\pi R \cos \Psi / 86164$ s auf dem Breitenkreis nach Osten fahren läßt. Mit dem Wert $R = 6370$ km für den Erdradius kommen für Paris 306 Meter in der Sekunde oder $U = 1100$ km/h heraus, etwas weniger als die Schallgeschwindigkeit. (Könnte man das Gedankenexperiment in die Tat umsetzen, müßte man den starken Fahrtwind abschirmen.) Der Breitenkreis macht in

östlicher Richtung eine ständige Linkskurve mit der sogenannten «geodätischen Krümmung». Um sie zu bestimmen, schneiden wir ein schmales Band um den Breitenkreis an einem Meridian auf und wickeln es in die Ebene ab. Als Teil des über dem Nordpol errichteten Kegels, der die Erde in dem Breitenkreis berührt, füllt das ausgeschnittene Band jenen Winkel von 360° sin Ψ aus, der für Paris den Wert 271° hat. Bei der Fahrt des hypothetischen Lkw auf dem Breitenkreisband dreht sich deshalb die Schwingungsebene des Pendels bei einer Umdrehung der Erde um genau diesen Winkel.

Das historische Experiment: Foucault führte das Experiment zum ersten Mal im Februar 1851 im Keller seines Hauses mit einem Zweimeterpendel von 5 kg durch. Auf Drängen des Präsidenten von Frankreich, Louis Napoléon (des späteren Napoléon III.), wiederholte er es in einer großangelegten Schaustellung von März 1851 an mehrere Monate lang im Panthéon zu Paris. Die mit Blei ausgossene Messingkugel von 28 kg hing an einer Klaviersaite von $\ell = 67$ m Länge von der Kuppel herab. Der Schauplatz der Kugelbewegungen war durch einen kreisförmigen Zaun von 12 Metern Durchmesser abgegrenzt. In der Mitte befand sich eine Plattform, die so hoch mit Sand bedeckt war, daß die unten an der Pendelkugel befestigte Metallspitze auf ihrem Weg Striche hineinzeichnen konnte. Vor dem Beginn des Versuchs wurde das Pendel in ausgelenkter Lage mit einem Faden seitlich festgemacht, und man wartete ab, bis die

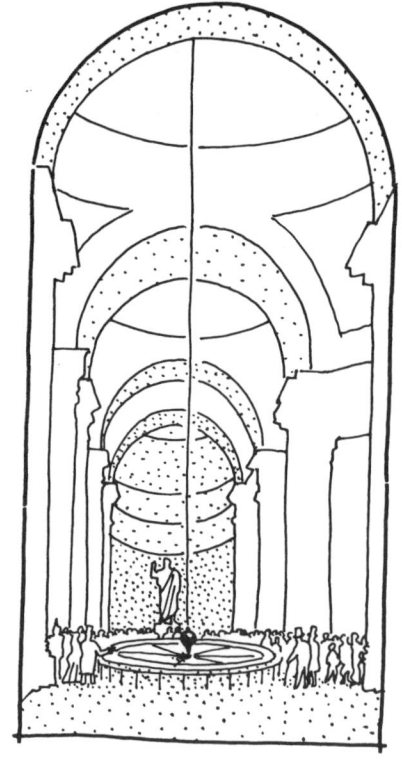

Kugel und der Draht zur Ruhe gekommen waren. Um beim Start seitliche Bewegungen nach Möglichkeit auszuschließen, ließ Foucault den Haltefaden durchbrennen statt durchschneiden. Nach der Formel $\tau = 2\pi\sqrt{\ell/g}$ (in der ℓ die Pendellänge und $g = 9{,}81\,\mathrm{m/s^2}$ die Schwerebeschleunigung bedeuten) betrug die Schwingungsdauer des Pendels für einen ganzen Hin- und Hergang $\tau = 16{,}42$ Sekunden. Die Drehung der Pendelebene war nicht sofort erkennbar. Nach fünf Minuten betrug die Abweichung kaum 1°, und nach einer Stunde hatte sich das Pendel erst um 11,5° gedreht. Trotz der Kleinheit des Effekts waren nach Augenzeugenberichten die Besucher derart überwältigt – von dem Bewußtsein, mit dem Raumschiff Erde durch den Weltraum zu treiben –, daß Damen hysterisch wurden und Herren versicherten, die Drehung der Erde unter ihren Füßen spüren zu können. So gelang es Louis Napoléon, die Aufmerksamkeit der Weltöffentlichkeit mit einem spektakulären Experiment auf die große französische Nation zu richten. Weder ihm noch Foucault war offenbar bekannt, daß das Phänomen schon 200 Jahre früher entdeckt worden war, daß insbesondere der Florentiner Vincenzio Viviani (1622–1703), Galileis treuester Schüler, die Drehung der Pendelebene schon 1661 beobachtet, wohl aber nicht vollständig erklärt hatte.

Sterne und Rosetten: Während sich die Erde einmal um sich selbst dreht, schwingt Foucaults Pendel $86164 : 16{,}42 = 5247$ mal hin und her. Dabei dreht sich die Pendelebene um drei Winkelminuten pro Schwingung und zeichnet Striche so eng nebeneinander, daß der Sand sie nicht trennen kann. Wenn wir die Form der Zeichnung auflösen wollen, müssen wir auf ein rascheres «Karussell» umsteigen, am einfachsten einen drehbaren Labortisch, dessen Winkelgeschwindigkeit wir so groß machen können, daß selbst ein kurzes Pendel während der Dauer einer Umdrehung nur wenige Male schwingt. Dieses Karussell dreht sich so rasch, daß gegen seine Drehung die Drehung der Erde relativ zum Fixsternhimmel nicht mehr ins Gewicht fällt. Die Erde bekommt daher für das Pendel auf dem Karussell dieselbe Bedeutung wie der Fixsternhimmel für das Foucault-Pendel auf der Erde.

Statt die Pendelschwingung direkt auf das Karussell zu beziehen, auf dem man die Drehung der Schwingungsebene auf die Wirkung sogenannter «Trägheitskräfte», die Corioliskraft und die Zentrifugalkraft, zurückführen muß, beschreibt man die Bewegung einfacher in bezug auf die voraussetzungsgemäß «ruhende» Erde, beobachtet sie aber vom drehenden Karussell aus. Das Pendel ist so aufgehängt, daß es keine Schwingungsrichtung bevorzugt. Der Schwerpunkt der Pendelmasse bewegt sich daher auf einer Kugelfläche um den Aufhängepunkt, weshalb man von einem «sphärischen Pendel» spricht. Durch senkrechte Projektion der sphärischen Bahnkurven in eine Horizontalebene erzeugen wir ebene Bilder, die sich auf Papier zeichnen lassen.

Bei sehr kleinen Winkelauslenkungen zeichnet das Pendel näherungsweise Ellipsen auf die Erde, die sich in einem cartesischen Koordinatensystem durch $x = a \cos \omega t$, $y = b \sin \omega t$ darstellen lassen (a und b sind die große bzw. die kleine Halbachse, t ist die Zeit und $\omega = \sqrt{g/\ell}$ die Kreisfrequenz der Pendelschwingung). Um die Bewegung auf das Karussell zu übertragen, das sich mit der Winkelgeschwindigkeit Ω entgegen dem Uhrzeiger dreht (im gleichen Sinne wie die Erde von Norden her betrachtet), wird der elliptischen Bahn eine Drehung mit Ω im Uhrzeigersinn überlagert. Zur leichteren Zeichnung der Kurven auf dem Karussell messen wir die Längen in Einheiten der großen Halbachse, $\xi = x/a$ und $\eta = y/a$, und führen die Phase $\phi = \omega t$ der Pendelschwingung als Kurvenparameter ein. Mit den Parametern $\sigma = b/a$ (Achsenverhältnis) und $\lambda = \omega/\Omega$ (Frequenzverhältnis) ergeben sich

$$\xi = \cos(\phi/\lambda) \cos \phi + \sigma \sin(\phi/\lambda) \sin \phi \quad \text{und}$$

$$\eta = -\sin(\phi/\lambda) \cos \phi + \sigma \cos(\phi/\lambda) \sin \phi .$$

Der Parameter λ gibt an, wie oft das Pendel während einer Umdrehung des Karussells hin- und herschwingt. Beim Foucault-Pendel betrug der Wert von λ über 5000. Für die folgenden Grafiken wählen wir $\lambda = 5$. Die Figur schließt sich nach endlich vielen Umdrehungen des Karussells, wenn λ eine rationale Zahl ist, für ganzzahlige λ schon nach einer einzigen.

Die Kurven lassen sich nach der Anfangsgeschwindigkeit des Pendels im Karussellsystem klassifizieren. Die Anfangsgeschwindigkeit in ξ-Richtung ist null, da das Pendel voraussetzungsgemäß im Umkehrpunkt $\xi = 1$ ($x = a$) gestartet wird. Für die Anfangsgeschwindigkeit in η-Richtung ergibt sich bezogen auf die Phase ϕ, d.h. in Vielfachen von $a\Omega$,

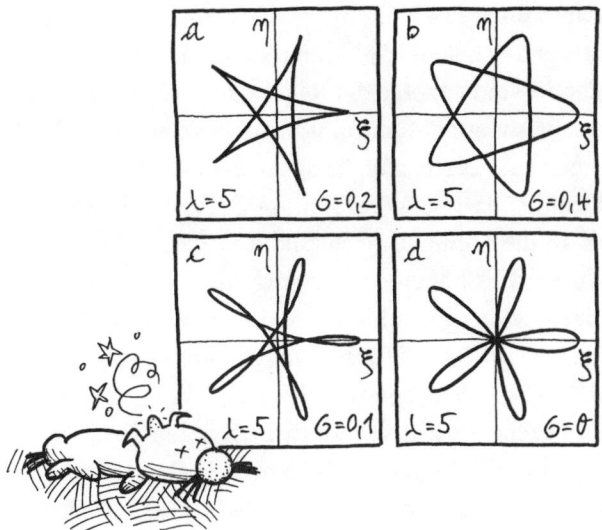

$(d\eta/d\phi)_{\phi=0} = \sigma - 1/\lambda$. Bei seinem berühmten Experiment im Panthéon startete Foucault das Pendel, von der rotierenden Erde aus gesehen, aus der Ruhe, d.h. mit $\sigma = 1/\lambda$. Für $\lambda = 5$ (und daher $\sigma = 1/5$) ergibt sich für den entsprechenden Fall auf dem Karussell ein fünfzackiger Stern (Fig. a). Für $\sigma > 1/\lambda$ (Fig. b) runden sich die Zacken des Sterns, während sich für $\sigma < 1/\lambda$ (Fig. c) Schlingen bilden, die sich für $\sigma = 0$ ($b = 0$) (Fig. d) im Mittelpunkt vereinigen. Im letzteren Beispiel entartet die zugrundeliegende Ellipse zur Gerade, das Pendel schwingt im erdfesten System in einer Ebene.

Foucault hätte also, um das Pendel bei seinem historischen Experiment zu ebenen Schwingungen in bezug auf den Fixsternhimmel anzuregen, die Kugel nicht aus der Ruhe, sondern, genaugenommen, mit der Umfangsgeschwindigkeit $a\Omega$ entgegen dem Drehsinn der Erde starten müssen. Schätzt man $a = 6$ m und nimmt für Ω den Wert auf dem Breitenkreis des Panthéon an, zeigt sich aber, daß $a\Omega$ nur etwa 1/3 Millimeter in der Sekunde oder 1 Meter in der Stunde beträgt, das heißt kaum wahrnehmbar ist.

Höhere Genauigkeit: Die bisher getroffene Voraussetzung «kleiner» Auslenkungen des Pendels beruht auf der Approximation der gedachten Kugelfläche um den Aufhängepunkt, auf der sich die Pendelmasse bei konstanter Pendellänge bewegt, durch ein

Rotationsparaboloid. Die Näherung ist zwar um so genauer erfüllt, je länger das Pendel bei den gleichen Horizontalauslenkungen ist – Foucault-Pendel sind daher in der Regel sehr lang –, aber die Näherung wirkt sich nicht nur auf die Amplitude, sondern auch auf die Phase der Schwingungen aus. Deshalb bleibt sie auch für kleine Amplituden nur kurze Zeit gültig. Nach längerer Zeit treten Abweichungen auf, die in Anlehnung an die Himmelsmechanik «säkulare» Störungen genannt werden. In der nächsthöheren Näherung, in der die Kugelfläche durch eine Drehfläche vierten Grades approximiert wird, schließen sich die Bahnkurven nicht mehr zu Ellipsen, selbst wenn die Erddrehung angehalten würde. Die Umkehrpunkte der Schwingung rücken also nicht nur gegen die drehende Erde, sondern auch gegen den Fixsternhimmel vor, und zwar im gleichen Sinne, in dem die Bahnkurven durchlaufen werden. Aber sie drehen sich während einer vollen Pendelschwingung nur um einen kleinen Winkel, der im Bogenmaß $\alpha = 3\pi ab/4\ell^2$ beträgt, wie man in der Literatur des sphärischen Pendels nachlesen kann. Schätzen wir die große Halbachse der Bahnellipse für das originale Foucault-Experiment zu $a = 6$ m, hat die kleine Halbachse der extrem schlanken Bahnellipse nur die Größe $b = a/\lambda \approx 1{,}2$ mm. Mit der Pendellänge $\ell = 67$ m folgt daraus $\alpha \approx 4 \cdot 10^{-6}$ oder kaum mehr als ein Grad pro Tag, ein Wert, der gegen die Drehung der Pendelebene infolge der Erddrehung nicht ins Gewicht fällt.

Das Gegenstromboot

Es hat keinen Motor und fährt stromauf, angetrieben von der Strömung, gegen die es anschwimmt.

Schiffmühlen/Mühlenschiffe: Im Jahre 537 belagerten die Goten Rom und leiteten die Wasser der Aquädukte ab, die in Friedenszeiten nicht nur die Stadt mit Trinkwasser versorgten, sondern auch ihre Getreidemühlen antrieben. In dieser Not soll der römische Feldherr Belisar auf dem Tiber schwimmende Mühlen eingerichtet haben. Johannes Mager berichtet in seinem Buch «Mühlenflügel und Wasserrad» (Leipzig 1990), daß Belisar Wassermühlen auf großen Kähnen im Fluß verankern und ihre Schaufelräder von der Strömung treiben ließ. Die Erfindung war so erfolgreich, daß sie sich später über ganz Europa verbreitete. Schiffmühlen wurden für viele Zwecke eingesetzt, als Getreidemühlen und Sägegatter, als Stampf- und Rührwerke, als Papiermühlen und sogar als Bergwerks-Schiffmühlen. In Deutschland gab es Schiffmühlen bis ins 20. Jahrhundert. Eine der letzten ihrer Art schwamm bei Ginsheim im Rhein auf einem Eisenblechkahn von 26 Metern Länge und über sechs Metern Breite. Sie konnte je nach Wasserstand und Strömung in 24 Stunden zwischen 2,6 und 3,6 Tonnen Weizen mahlen. 1929 stellte die Ginsheimer Schiffmühle ihren Betrieb endgültig ein und wurde der Stadt Mainz als technisches Kulturdenkmal anvertraut.

Boote gegen den Strom: Wenn sich die Strömungsenergie eines Flusses zum Betrieb schwimmender Mühlen ausnutzen läßt, liegt die Frage nicht fern, ob der Strom des Wassers auch ein Schiff zur Fahrt stromaufwärts antreiben könnte. Zweifellos muß das Schiff dazu wie die Mühlen verankert sein, und zwar stets oberhalb seiner augenblicklichen Position, damit es nicht mit der Strömung flußab treibt. Wenn eine motorlose Schiffahrt gegen den Strom möglich ist, darf man sich fragen, warum die Menschen früherer Zeiten, als es noch keine Dampfmaschinen und Verbrennungsmotoren gab, Lastkähne «getreidelt», das heißt mühevoll mit der Muskelkraft von Menschen und Pferden auf «Leinpfaden» vom Ufer aus stromauf gezogen haben. Es hätte doch genügt, das Zugseil (den Treidel) vorauszutragen und an der nächsten Flußbiegung zu verankern. Danach hätte man es der Strömung überlassen können, die schweren Lastkähne als Gegenstromboote stromaufwärts zu treiben.

Die Garnrolle: Um die Mechanik der Gegenstromboote zu verstehen, bleiben wir zunächst auf dem festen Boden und studieren eine einfache Analogie, eine Garnrolle auf dem Tisch. Das sind zwei Räder (Radius R), die durch eine Welle (Radius r < R) verbunden sind. Zieht man das freie Ende der aufgewickelten Schnur wie im Bild nach links, folgt ihm die Garnrolle, egal wie glatt oder rauh die Unterlage ist. Die Reibung auf der Unterlage versetzt die Rolle in Drehung, und zwar entgegen dem Uhrzeigersinn. Zieht die Schnur, wie gezeichnet, unten an der Welle, wickelt sich die Schnur dabei auf, und die Garnrolle läuft schneller nach links als die Schnur, die an ihr zieht. Wenn der Tisch nicht zu glatt ist, kommt sie nach einiger Zeit vom Rutschen ins Rollen, und der jeweilige Fußpunkt der Garnrolle auf dem Tisch wird zu ihrem momentanen Drehpunkt. Beim Rollen läßt sich die Geschwindigkeit V der Garnrolle aus der Geschwindigkeit U der Schnur nach dem Strahlensatz ermitteln: $V = UR/(R-r)$. Theoretisch wird die Geschwindigkeit sehr groß, wenn der Radius der Welle dem Radius der Räder nahekommt.

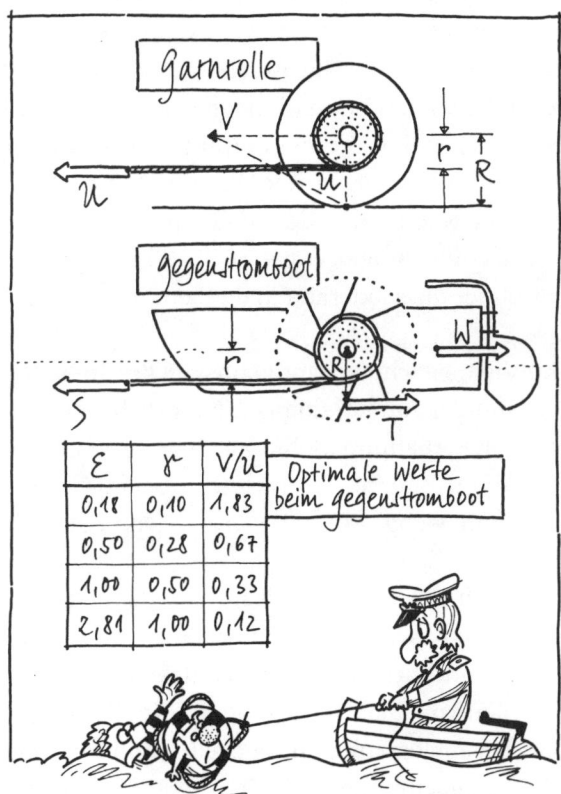

Wir wechseln den Standpunkt des Beobachters und betrachten den Vorgang in bezug auf die Schnur. Wer mit der Schnur läuft, findet sie in Ruhe und sieht die Unterlage (die Tischfläche) mit der Geschwindigkeit U in die Gegenrichtung, nach rechts, wandern. Die Garnrolle läuft weiterhin nach links, aber mit geringerer Geschwindigkeit $V-U = Ur/(R-r)$, weil die Tischfläche ihr entgegenkommt. Sie läuft also «gegen den Strom», der sie antreibt. Das ist, was wir vom Gegenstromboot erwarten.

Das Preisausschreiben: Lassen sie mich an dieser Stelle erzählen, wie ich mit dem Gegenstromboot bekannt wurde. Wir hatten im Rahmen eines Fernsehspiels beim WDR in Köln die Zuschauer zur Einsendung origineller Ideen für *perpetua mobilia* eingeladen. Ich hielt es für ein Wagnis. Sollten wir alle Möchtegern-Erfinder ermutigen, ihre wirklichkeitsfremden Ideen zu unserer Belustigung zu präsentieren? Und wer sollte die Berge von Postsendungen bearbeiten? Zum Glück behielten die Optimisten in der Redaktion recht. Unter den Einsendungen waren zwar alle bekannten und denkbaren Typen von Perpetuum-mobile-Konstruktionen vertreten, die Gewichte an Hebeln und Wasserströme, den archimedischen Auftrieb, die Kapillarität, den Magnetismus und so weiter zur Arbeitsleistung ausnutzen, aber es gab auch einige originelle Ideen, mit denen die Einsender die Moderatoren der Sendung auf die Probe stellen wollten.

Ein Hildesheimer Schüler sandte uns die Beschreibung eines Gegenstromboots mit der Anmerkung: «... Natürlich weiß ich, daß mein Schiff kein ‹echtes› Perpetuum Mobile ist, denn es benutzt auch für die Stromauf-Fahrt die Strömkraft des Wassers. Aber im Gegensatz zu den ‹echten› Perpetuum Mobiles funktioniert es! Und das ist ja wohl die Hauptsache!»

Michaels Schiff existierte damals nur auf dem Papier. Es dauerte noch fast ein Jahr, bis er seine Idee mit unserer Unterstützung in die Tat umgesetzt hatte und wir sein selbstgebautes Schiff den Fernsehzuschauern vorstellen konnten. Die Lösung für die Konstruktion des Gegenstromboots ist, analog zur Garnrolle, ein Schiff mit zwei Schaufelrädern, auf deren gemeinsame Welle sich die Ankerschnur aufwickelt.

In seiner Erfolgsmeldung schrieb er unter anderem: «... tatsächlich – es funktionierte. Und sogar ziemlich gut. Ich habe ja schon geschrieben, daß es ungefähr 5 m pro Minute fuhr. Das hört sich ziemlich langsam an. Aber wenn man sieht, wie kraftvoll und schnell sich die Schaufelräder drehen, wie das Schiff mutig gegen die Strömung schwimmt, hat man einen ganz anderen Eindruck ... Ich habe noch die Strömungsgeschwindigkeit des Wassers gemessen und kam auf etwa 40 m pro Minute.»

Fahrt stromauf: Das Gegenstromboot kommt so rasch in Fahrt, daß wir nur die stationäre Geradeausfahrt mit der Fahrgeschwindigkeit V zu untersuchen brauchen, die sich bei der konstanten Strömungsgeschwindigkeit U einstellt. Da Beschleunigungen nach Voraussetzung keine Rolle spielen, steht die Schnurkraft S mit dem Widerstand W des Bootskörpers und dem Widerstand T des «unterschlächtigen» Wasserrads im Gleichgewicht: $S = T + W$. Außerdem heben sich die Drehmomente der Schnurkraft und der Widerstandskraft der Schaufeln um die Schaufelradwelle auf: $Sr = TR$. Hier bedeuten r den Radius der Welle und R den a priori nicht bekannten Abstand des Druckpunkts (Angriffspunkts des Schaufelradwiderstands), der später so bestimmt wird, daß die Vorwärtsgeschwindigkeit V des Bootes bei Vorgabe aller übrigen Daten möglichst groß (optimal) wird.

Durch Elimination der Schnurkraft S folgt die Gleichgewichtsbedingung $(R - r)T = rW$. Weil die Schaufelräder die ruhende Ankerschnur bei der Vorwärtsfahrt mit der Geschwindigkeit V auf die Welle wickeln, gilt für die Winkelgeschwindigkeit Ω der Schaufelräder: $V = \Omega r$. Der Bootskörper wird mit der Geschwindigkeit $U + V$, der Druckpunkt am Schaufelrad mit der kleineren Geschwindigkeit $U + V - \Omega R$ angeströmt, weil die Schaufeln dem Druck des Wassers nachgeben. Wird angenommen, daß die Wasserkräfte proportional zum Staudruck sind, der vom Quadrat der Anströmgeschwindigkeit abhängt, gilt daher für die Widerstände des Bootes und der Schaufelräder $W = \rho c_w A_w (U + V)^2 / 2$ bzw. $T = \rho c_T A_T (U + V - \Omega R)^2 / 2$. Darin sind ρ die Wasserdichte, A_w die vom Wasser benetzte Oberfläche des Bootskörpers und A_T die ein-

ε	γ	V/U
0.05	0.02	6.67
0.10	0.05	3.33
0.18	0.10	1.83
0.50	0.28	0.67
1.00	0.50	0.33
2.81	1.00	0.12
9.60	2.00	0.035
57.00	5.00	0.006

getauchte Schaufelradfläche. Alle anderen Eigenschaften stecken in den Widerstandskoeffizienten c_w und c_T.

Mit diesen Zutaten läßt sich zu jedem vorgegebenen Wert des Verhältnisses $c_w A_w / c_T A_T = \gamma^2$ der spezifischen Widerstände von Bootskörper und Schaufelrädern der optimale Wert des Verhältnisses $\varepsilon = (R-r)/r$ der Hebelarme am Schaufelrad beim Maximum von V/U routinemäßig bestimmen. Er läßt sich aus der kubischen Gleichung $\gamma(1+3\varepsilon) = 2\varepsilon^{3/2}$ für $\varepsilon^{1/2}$ zahlenmäßig errechnen. Die optimale Geschwindigkeit des Bootes ergibt sich damit zu $V = U/3\varepsilon$. Einige Wertepaarungen sind in der Tabelle zusammengestellt. Schwere Kähne mit großem Bootswiderstand kommen, wie zu erwarten, nur schwer gegen den Strom voran. Sogar Michaels kleines, leichtes Boot rangiert, nach dem Verhältnis $V/U = 1/8$ zu urteilen, weit unten in der Tabelle! Das unverhältnismäßig starke Anwachsen der Fahrgeschwindigkeit V und der Schaufelraddrehzahl $f = V/2\pi r = U/6\pi r\varepsilon$ bei sehr kleinen Werten von γ (und daher von ε) weist darauf hin, daß die Voraussetzungen der Theorie in diesem Parameterbereich nicht mehr erfüllt sind. Allerdings bedeutet zum Beispiel $\gamma = 1/10$ bereits ein extrem kleines Verhältnis 1/100 der spezifischen Widerstände von Bootskörper und Schaufelrädern. Das Gegenstromboot entartet in diesem Grenzfall zum schwimmenden Schaufelrad.

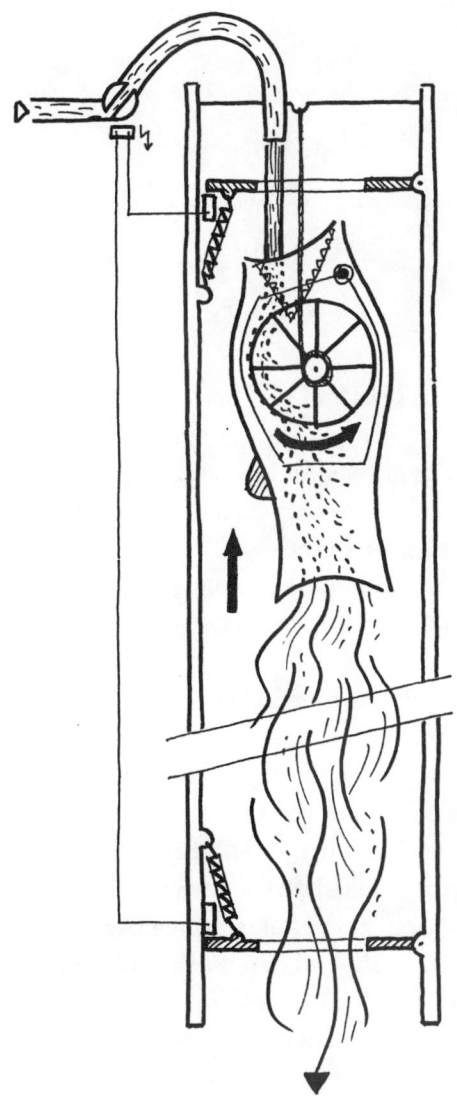

Übrigens: Eine lustige Variante des Gegenstromboots ist der Gegenstromfisch, der sich unter laufendem Wasser mit Hilfe eines Wasserrads in seinem Bauch selbst an der Schnur hochzieht. Unser automatischer Gegenstromfisch schaltet die Wasserzufuhr ab, wenn er oben ankommt, rutscht herunter und schaltet unten den Wasserzulauf wieder an.

Strom aus Aufwind

Weihnachtspyramiden: Jedes Jahr um die Weihnachtszeit holen Mütter und Väter die erzgebirgischen Weihnachtspyramiden aus Fernost von den Speichern, prüfen die Vollständigkeit der Teile und montieren nach Anleitung die mehrgeschossigen Pagoden, um die himmlischen Heerscharen zum Christuskind in Marsch zu setzen.

Ihre Mühe ist leider oft vergebens, wenn zum Beispiel die gläserne Pfanne des Spitzenlagers der zentralen Antriebswelle durch unpflegliche Behandlung einen Sprung bekommen hat oder die hölzerne Welle in den heißen Sommertagen so krumm geworden ist, daß sie sich beim Drehen an den Führungen reibt. Selbst wenn die Lagerung in Ordnung ist, ist nicht sicher, daß die aufsteigenden Verbrennungsgase der Kerzen das Windrad zum Laufen bringen können. Seine mechanische Leistung ist sehr klein und hängt empfindlich davon ab, daß die Flügel im richtigen Winkel zum wirksamen Wind stehen, der sich aus dem Aufwind und dem Fahrtwind zusammensetzt. Dieses Spielzeug hat keine Leistung zu verschenken. Die Verbrennungsgase sind zwar heiß, aber sie kommen auf dem kurzen Weg von den Kerzen zum Rotor nicht auf ausreichende Geschwindigkeit ähnlich wie die Abgase der Heizung in einem kurzen Schornstein, der «nicht richtig zieht». Um Aufstiegshöhe zu gewinnen, betreibt man die Spielzeugturbine vorteilhaft mit Kerzenstummeln statt mit langen Kerzen. Aber je länger der Weg, desto leichter kann ein schwacher Luftzug im Raum, der die Kerzenflammen flackern läßt, die Gase statt zum Windrad irgend-

wohin lenken. Selbst wenn man die Weihnachtspyramide gegen unerwünschte Winde abschirmt, geht der größte Teil der hineingesteckten Energie mit dem Strom der heißen Gase verloren. Der Wirkungsgrad des Motors, definiert als das Verhältnis von Nutzleistung zu Leistungsaufwand, liegt unter eins zu zehntausend. Mit anderen Worten: Von der geringen thermischen Leistung der Kerzen geht nur ein winziger Bruchteil in die Konvektion der Verbrennungsgase, die das Windrad treiben. Das Drehmoment der Luftschraube ist gerade groß genug, den Reibungswiderstand zu überwinden. Doch wen kümmern Leistung und Wirkungsgrad, wenn sich erst die Emporen im Kerzenglanz drehen und die Hirten und die Engel in endloser Prozession an Maria und Josef mit dem Jesuskind in der Wiege vorbeiziehen?

Sonnenenergie: Die geringe Leistung der Weihnachtspyramiden hat ernsthafte Ingenieure nicht abgeschreckt, Solarkraftwerke zu entwerfen, die den Auftrieb erwärmter Luft in ähnlicher Weise ausnutzen, umweltverträglich elektrischen Strom zu erzeugen.

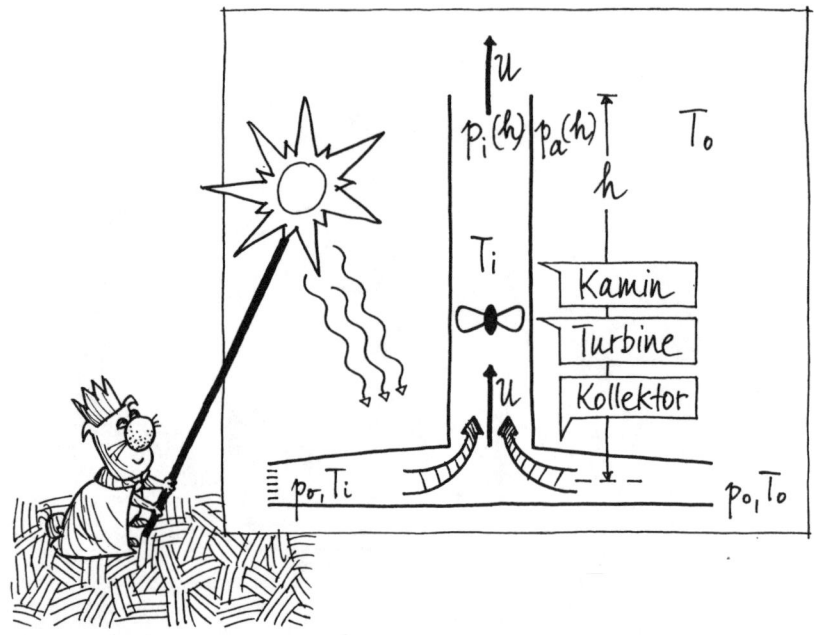

Im Zentrum der Anlage steht ein hoher zylindrischer Kamin, der in weitem Umkreis von einem Sonnenkollektor umgeben ist. Das ist ein flaches, mit Folie bedecktes Treibhaus, in dem die von allen Seiten zuströmende Luft durch die Sonnenstrahlung erwärmt wird. Die warme Luft hat geringere Dichte als die kältere Außenluft. Sie steigt daher im Kamin auf und treibt eine Turbine, an die ein Generator zur Erzeugung von elektrischem Strom angeschlossen ist. Die Windturbine nutzt nur die Bewegungsenergie der aufsteigenden Luft und läßt den viel größeren Anteil der inneren Energie der heißen Gase («Wärme») ungenutzt oben zum Kamin hinausströmen. Das Windrad macht also keinen anderen Gebrauch von der Gasströmung als eine Wasserturbine vom strömenden Wasser. Man hat deshalb Aufwindkraftwerke scherzhaft als die Wasserkraftwerke der Wüste bezeichnet.

Als Pilotprojekt wurde 1980 bei Manzanares in der sonnenreichen Ebene von La Mancha in Südspanien eine Anlage mit einer Kaminhöhe von 200 Metern und etwa 50 000 Quadratmetern Kollektorfläche gebaut. Ihre Nennleistung betrug 50 Kilowatt. Nach den mir zugänglichen Berichten arbeitete das Kraftwerk mehrere Jahre lang zuverlässig mit durchschnittlich etwa 20 % der Nennleistung, bis Anfang 1989 ein Orkan den Turm umwarf. Da das deutsche Bundesministerium für Forschung und Technologie (BMFT) die finanzielle Förderung einstellte, besteht keine Hoffnung, daß der Betrieb jemals wieder aufgenommen werden könnte, und auch nicht auf die Realisierung des geplanten 30-Megawatt-Kraftwerks in Sri Lanka. Um so mehr bewundere ich die Zähigkeit des Projektleiters, der nicht aufgibt, sondern in den Medien seit kurzem das Projekt eines gigantischen Auftriebskraftwerks für Indien vorstellt. Es soll in der Wüste Thar in Rajasthan entstehen mit einem 1000 m hohen Turm und einer Glasfläche von 7 km Durchmesser. Um Tag und Nacht elektrischen Strom liefern zu können, plant der Betreiber, die Energie für den Nachtstrom in meterdicken Wasserschläuchen zu speichern. Ich schätze die projektierte Leistung auf weniger als 250 Megawatt. Trotz seiner riesigen Ausmaße würde es zu den Kraftwerken kleinerer Leistung gehören.

Kaminströmung: Ein Aufwindkraftwerk ist vor allem eine mit der Sonnenstrahlung betriebene Heizungsanlage. Der Kollektor entspricht der Feuerung, und der Kamin sorgt dafür, daß das heiße Gas abgeführt und dafür Frischluft angesaugt wird. In Wohnhausschornsteinen fehlt aus guten Gründen die Turbine, die den Zug im Schornstein verringern würde, ohne eine nennenswerte Leistung zu liefern. Dafür strömen die Rauchgase von Heizungsanlagen durch Wärmetauscher (oder wenigstens durch ein langes Ofenrohr), in denen sie Energie zur Raumheizung abgeben.

Unter den vorliegenden meteorologischen Bedingungen herrsche am Erdboden der Luftdruck p_0 und die (absolute) Temperatur T_0. Die Luft (als ideales Gas betrachtet) hat daher die Dichte ρ_0, die aus der Gasgleichung $p_0 = RT_0 \rho_0$ folgt, in der R die spezifische Gaskonstante für Luft ist. Die im Kollektor nach innen strömende Luft wird durch die Sonne bei dem konstanten Druck p_0 auf die Temperatur $T_i > T_0$ erwärmt (ähnlich wie in einer Feuerung, in der sich allerdings der Luftsauerstoff mit dem Brennstoff verbindet und anstelle von Luft heiße Verbrennungsgase abströmen). Da es sich im Aufwindkraftwerk innen und außen um das gleiche Gas handelt, gilt für die erwärmte Luft im Kollektor dieselbe Gasgleichung $p_0 = RT_i \rho_i$ und damit $T_i/T_0 = \rho_0/\rho_i$.

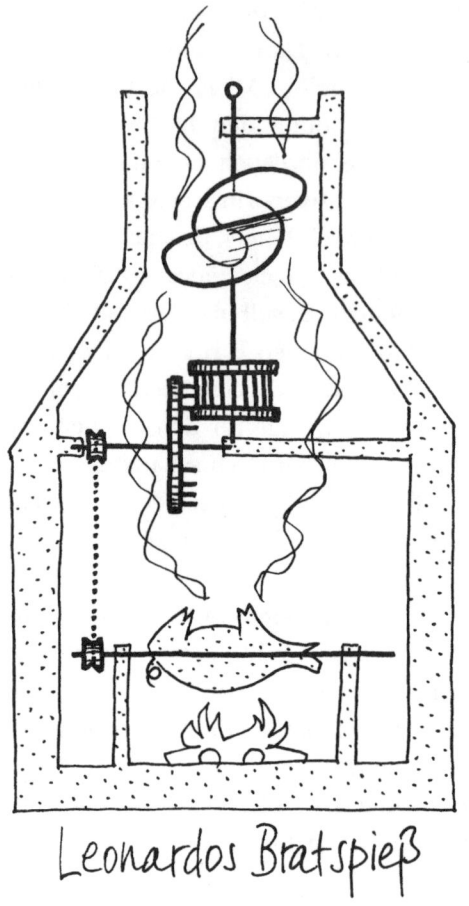

Leonardos Bratspieß

Um die Geschwindigkeit U der Kaminströmung zu bestimmen, verfolgen wir den Druck außerhalb und innerhalb der Anlage unter der Annahme, daß die Temperatur mit der Höhe konstant (außen T_0 und im Kamin $T_i > T_0$) ist. In einer isothermen Atmosphäre nehmen der Druck und die Dichte mit der Höhe h nach dem Exponentialgesetz $p = p_0 \exp\left(-\dfrac{h}{H}\right)$, der barometrischen Höhenverteilung, ab. Die Bezugshöhe $H = RT_0/g$ bzw. RT_i/g liegt bei den vorkommenden Temperaturen zwischen etwa acht und neun Kilometern; deshalb kann die Exponentialfunktion bei «kleinen» Höhenunterschieden h bis zu einem Kilometer in guter Näherung durch eine lineare Funktion ersetzt werden. In dieser Näherung verhält sich die Luft wie eine unzusammendrückbare Flüssigkeit. Der Außendruck in der Höhe h der Kaminmündung ist daher $p_a(h) = p_0 - \rho_0 gh$.

Beim Aufheizen der Luft im Kollektor bleibt ihr Druck in guter Näherung konstant. Erst beim Eintritt in den Kamin nimmt der Druck durch die Beschleunigung des Luftstroms auf die Geschwindigkeit U um den Staudruck $\rho_i U^2/2$ ab. Beim Aufstieg im Kamin sinkt der Druck des Gases weiter um das auf die Flächeneinheit des Querschnitts entfallende Gewicht der Gassäule der Höhe h, $\rho_i gh$. Das ausströmende Gas hat daher in der Kaminmündung den Druck $p_i(h) = p_0 - \rho_i U^2/2 - \rho_i gh$ (Bernoullische Gleichung). Aus der Bedingung der Gleichheit der Drücke an der Kaminmündung im Gasstrahl und in der Außenluft läßt sich die Strömungsgeschwindigkeit U im Kamin berechnen. Auf die Übertemperatur $\Delta T = T_i - T_0$ umgerechnet, lautet das Ergebnis:

$$U = \sqrt{2gh \frac{\Delta T}{T_0}}.$$

Auf diese Geschwindigkeit U kommt der Aufwind im Kamin unter der Voraussetzung verlustfreier Strömung und ohne Leistungsabgabe an eine etwa im Turm installierte Turbine.

Leistung und Wirkungsgrad: Die Strahlungsleistung $\dot{Q}$ erwärmt die in der Zeiteinheit zuströmende Luftmasse $\dot{m}$ bei konstantem Druck p_0 um einen Betrag ΔT, der sich aus $\dot{Q} = \dot{m} c_p \Delta T$ errechnet (c_p spezifische Wärme bei konstantem Druck, für Luft unter Normalbedingungen: $c_p = 10^3$ J/kg·K). Vom Leistungsaufwand $\dot{Q}$ nutzt das Kraftwerk nur die im Aufwind steckende mechanische Leistung $P = \dot{m} U^2/2$. Das Verhältnis der Nutzleistung zum Leistungsaufwand ist der Wirkungsgrad $\eta = P/\dot{Q}$ der Anlage, mit U und $\dot{Q}$ in ihren obigen Bedeutungen ausgeschrieben: $\eta = h/h^*$ (Referenzhöhe $h^* = c_p T_0/g$). η ist ein idealer Wirkungsgrad, der weder Strömungsverluste in der Anlage noch die Leistungsabgabe an eine Turbine im Turm berücksichtigt. Der tatsächliche Wirkungsgrad ist erheblich kleiner. Jede Leistungsentnahme durch die Turbine vermindert den Druck im Kamin um Δp (Drucksprung an der Turbine). Indem man Δp auf der rechten Seite des Ausdrucks für $p_i(h)$ subtrahiert, erkennt man, daß die Leistungsentnahme einer Verkleinerung der wirksamen Kaminhöhe um $\Delta h = \dfrac{\Delta p}{(\rho_0 - \rho_i)g}$ gleichkommt. Entsprechend verkleinert sich der Wirkungsgrad zu $\eta = \dfrac{h - \Delta h}{h^*}$.

Aus dem Ergebnis lassen sich wichtige Folgerungen ziehen. Die Referenzhöhe $h^* = c_p T_0 / g$ hängt nur vom Zustand der Atmosphäre ab. Der Wirkungsgrad der Anlage kann daher nur durch Erhöhung des Kamins vergrößert werden. Der Wert h^* ist sehr groß, bei der Temperatur $T_0 = 300$ K ($= 27\,°C$) für Luft ist $h^* = 30$ km.

Um Wirkungsgrade von Prozenten zu erreichen, braucht man riesige Anlagen mit Kaminhöhen von einem Kilometer aufwärts. Je kleiner der Wirkungsgrad η des Aufwindkraftwerks, desto größer ist der Flächenbedarf für den Kollektor. Der spezifische Flächenbedarf, definiert als das Verhältnis der Kollektorfläche A zur Nutzleistung P des Kraftwerks, ist $A/P = 1/q \cdot \eta$ ($q = \dot{Q}/A$ Strahlungsleistung pro Flächeneinheit). Mit dem Wert $q = 1\,\text{kW/m}^2$ (Kilowatt pro Quadratmeter) für die Strahlungsleistung der Sonne bei ungehindertem senkrechten Einfall und dem Wirkungsgrad $\eta = 0{,}67 \cdot 10^{-2}$ für eine Kaminhöhe von 200 Metern errechnet man den Flächenbedarf $A/P = 150\,\text{m}^2/\text{kW}$. Der tatsächliche Flächenbedarf ist höher; in Manzanares waren zum Beispiel pro Kilowatt Leistung 1000 Quadratmeter Kollektorfläche installiert. Soll man zur Steigerung der Leistung den Kamin erhöhen oder die Kollektorfläche vergrößern? Die Leistung des Kraftwerks, $P = \eta \dot{Q} = \dfrac{q}{h^*} A h$, ist dem Volumen des Zylinders proportional, den man in Gedanken aus der Kollektorfläche A mit der Kaminhöhe h bildet. Ich persönlich würde höhere Kamine den größeren Kollektorflächen vorziehen, damit nicht zu viel Bodenfläche mit Plastikfolie verpackt werden muß.

Wir resümieren bedauernd, daß es keine kleinen Aufwindkraftwerke geben wird, die man in Einfach-Technik bauen könnte, um sie an jedem Ort der Welt verfügbar zu machen. Jochem Unger, der die Technik und Wirtschaftlichkeit solarer Aufwindkraftwerke grundlegend untersucht hat, schreibt dazu in seinem empfehlenswerten Buch

«Alternative Energietechnik» (B.G. Teubner, Stuttgart, und Verlag der Fachvereine, Zürich, 1993), es sei gar nicht verwunderlich, daß Aufwindkraftwerke gigantische Gebilde seien, da sie den künstlichen Wind nach den gleichen Regeln erzeugen wie die Natur. Und dafür sind meteorologische Maßstäbe nötig. Der schlechte Wirkungsgrad der Umwandlung der von der Sonne eingestrahlten Energie in nutzbare Strömungsenergie hat aber auch sein Gutes. Er schützt uns vor allzu verheerenden Wirbelstürmen.

2. Probleme aus dem Alltag

Vergängliche Seifenblasen

Entdeckungen: Kinder sind die geborenen Erfinder. Man fragt sich, warum es die wenigsten Menschen bleiben, wenn sie erwachsen werden. Kürzlich sah ich unter der Dusche eines öffentlichen Schwimmbades einen Jungen von zehn Jahren mit bloßen Händen große Seifenblasen machen. Er hatte gewöhnliches Duschgel auf seinem Oberkörper verteilt, das er mit viel Wasser zu einer Seifenlösung verdünnte. Mit den Armen bildete er einen großen Ring,

den er zuerst fest an den Körper schmiegte. Als er den Ring entfaltete, war eine Seifenhaut von fast einem halben Meter Durchmesser darin eingeschlossen. Sobald er den Ring seiner Arme nach unten schwenkte, beulte die träge Luft die dünne Seifenhaut zu einer großen Blase aus, die sich mit etwas Geschick vom Körper lösen ließ und einige Sekunden im Raum schwebte, bevor sie platzte. Man muß sagen, sie explodierte, denn Seifenblasen stehen unter geringem Überdruck. Das Spiel beeindruckte mich und offensichtlich auch andere Leute im Duschraum, die ebenfalls begannen, mit den Händen Seifenblasen zu machen, indem sie aus Daumen und Zeigefinger einen Ring formten und vorsichtig in die darin eingeschlossene Seifenhaut bliesen. Aber nicht alle ihre Duschgele waren gleich gut geeignet, große Blasen zu machen.

Steckbrief einer Seifenblase: Ehe ich darauf eingehe, wodurch Seifenblasen überhaupt möglich werden, wird es nützlich sein, eine typische Seifenblase zu beschreiben. Eine Seifenblase ist ein hohler Tropfen Seifenlösung mit einer Luftblase von fast genau der gleichen Größe wie die Blase selbst. Im Innern herrscht ein höherer Druck p als der atmosphärische Druck p_0 der Umgebung. Der Überdruck $\Delta p = p - p_0$ spannt die Seifenhaut, in deren beiden Oberflächen unabhängig von der Form und der Größe der Blase an jeder Stelle die «Oberflächenspannung» σ herrscht. Für reines Wasser von 18 °C hat σ den Wert 0,073 N/m (Newton pro Meter). Für Seifenlösungen nimmt σ mit wachsender Konzentration ab, erreicht einen Grenzwert von etwa 1/3 der Oberflächenspannung des Wassers und bleibt dann konstant. Lassen sie uns mit dem typischen Wert $\sigma = 0,025$ N/m rechnen. Kleine Seifenblasen sind kugelrund, ihr verhältnismäßig großer Überdruck macht sie widerstandsfähig gegen die Luftströmungen der Umgebung. Für kugelförmige Blasen hängen der Überdruck Δp und die Oberflächenspannung σ mit dem Radius a der Blase durch die Gleichgewichtsbedingung von Young und Laplace zusammen:

$$\Delta p = 4\sigma/a$$

Eine typische Blase von $a = 1$ cm Radius hat bei der Oberflächenspannung $\sigma = 0,025$ N/m den Überdruck $\Delta p = 10$ N/m^2 = 0,1 mbar. Aus dem

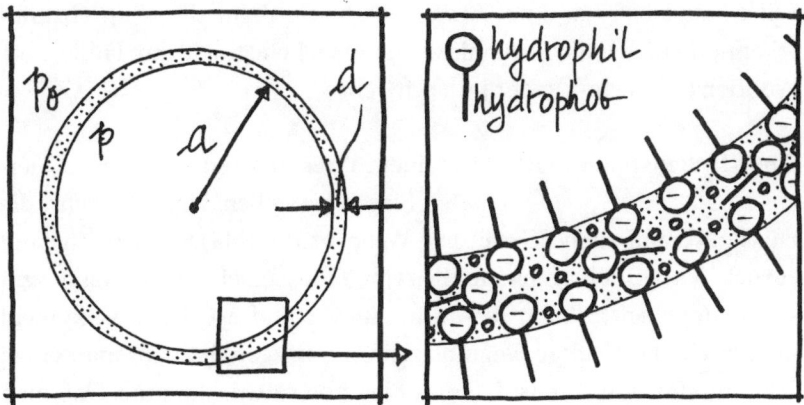

Umgebungsdruck p_0 und dem Drucksprung Δp an der Blasenoberfläche folgt der Druck p in der Blase, aus dem Radius a das Volumen $V = 4\pi a^3/3$ der Blase. Damit läßt sich die Masse m_L der in der Blase eingeschlossenen Luft aus der Gasgleichung $pV = m_L R_L T$ berechnen, in der R_L die spezifische Gaskonstante der Luft und T die Temperatur des Gases in Grad Kelvin bedeuten. Der Innendruck p der Blase unterscheidet sich so wenig vom Außendruck p_0 (nur um 0,1 mbar im Vergleich zu den etwa 1000 mbar Normaldruck der Atmosphäre), daß die Luftdichte in der Blase recht genau die Normaldichte $\rho_L = 1{,}29$ Gramm pro Liter ist. Für die Masse der Luft in der Modellblase ergibt sich daher $m_L = \rho_L V = 5{,}4 \cdot 10^{-3}$ g, weniger als ein hundertstel Gramm.

Die Dicke d der Seifenhaut liegt nach Beobachtungen etwa zwischen 10^4 Å (ein tausendstel Millimeter) und 10^2 Å (ein hunderttausendstel Millimeter). Das Verhältnis d/a beträgt daher für eine kleine Blase von zwei Zentimetern Durchmesser ($a = 1$ cm) höchstens 10^{-4} (ein Zehntausendstel). Bei einer mittleren Dicke $d = 10^3$ Å $= 10^{-5}$ cm ist sogar $d/a = 10^{-5}$. Würde man eine solche Seifenblase zur Erdkugel vergrößern, entspräche die Dicke ihrer Haut einer Erdkruste von nicht mehr als 64 Metern. Der Vergleich macht deutlich, wie dünn Seifenhäute sind. Die Massendichte der Seifenlösung unterscheidet sich kaum von der Dichte des Wassers, $\rho_w = 1$ Gramm pro Kubikzentimeter. Die Masse $m_w = 4\pi a^2 d \rho_w$ der Seifenhaut beträgt daher für die Musterblase von $a = 1$ cm Radius und $d = 10^{-5}$ cm Dicke der Haut $m_w = 1{,}3 \cdot 10^{-4}$ Gramm. Das Verhältnis der Masse der Luft zur Masse der

Seifenhaut ist $m_L/m_W = a\rho_L/3d\rho_w = 43$. Nach Abzug der Auftriebskraft erkennt man, daß die Seifenblase nur so viel wiegt wie ihre Hülle, kein Wunder, daß sie fast in der Luft schwebt.

Oberflächenspannung: Mit reinem Wasser lassen sich keine dauerhaften Blasen herstellen, vielmehr kehrt die Flüssigkeit auf dem schnellsten Wege in den blasenfreien Zustand zurück. Das gilt übrigens für alle reinen Flüssigkeiten. Für Wasser gilt sogar umgekehrt: Wenn Blasen beständig sind, ist das Wasser nicht sauber. Um beständige Seifenblasen zu erzeugen, braucht man einen Schaumbildner, ein Tensid, worauf ich noch zurückkomme. Daß man geschmolzenes Glas, ebenfalls eine «reine Flüssigkeit», blasen kann, ist kein Gegenbeispiel, sondern hängt mit der großen Zähigkeit der Glasschmelze zusammen, die das Zusammenfallen der Blasen verzögert, bis die Schmelze beim Abkühlen erstarrt. Durch Beimischung von Glyzerin oder Zucker kann man Seifenblasen dauerhafter, aber nicht unbegrenzt beständig machen.

Um Oberfläche zu bilden, muß man erfahrungsgemäß Energie aufwenden oder, was das gleiche ist, mechanische Arbeit leisten. Das läßt sich an einem einfachen Oberflächenspannungsmesser erklären, der aus einem rechteckigen Rahmen mit einem beweglichen Bügel besteht (die praktische Ausführung sieht etwas anders aus). Durch Eintauchen in die Seifenlösung spannt man eine Seifenhaut in das Rechteck ein. Damit sich die Seifenhaut nicht zurückzieht, muß man mit einer Kraft F am Bügel ziehen, die proportional zur Breite des Bügels wächst und von der Dicke der Seifenhaut unabhängig ist. Die Kraft pro Längeneinheit des Randes der Seifenhaut, die Oberflächenspannung $\sigma = F/2b$, ist eine Eigenschaft der Flüssigkeit, die geringfügig von der Temperatur abhängt. Im Nenner der Formel steht der Faktor 2, weil der Flüssigkeitsfilm zwei Oberflächen hat. Bei der Verschiebung des Bügels um ein Stück x wird die Arbeit $W = Fx = 2bx\sigma$ geleistet. $A = 2bx$ ist die auf beiden Seiten der Haut neu erzeugte Fläche, also σ die Arbeit, die zur Erzeugung der Flächeneinheit der Oberfläche aufgewendet werden muß. Anders als eine elastische Feder, deren Spannkraft mit der Dehnung wächst, zieht die Flüssigkeitshaut immer mit derselben Kraft, wie weit sie auch gedehnt wird.

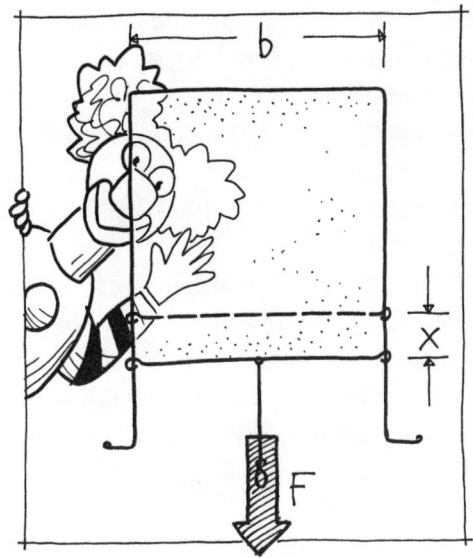

Waschmittel werden zum Reinigen von Wäsche, Geschirr, Fußböden oder Haut und Haar hergestellt. Wer sie verwendet, um mit Seifenblasen zu spielen, legt weniger auf die Sauberkeit als auf die Schaumbildung Wert. Entgegen der landläufigen Meinung ist die Schaumbildung keine Voraussetzung für die Reinigungswirkung eines Waschmittels. Der Schaum hat Bedeutung sowohl für die Verteilung der Waschflüssigkeit als auch für den Abtransport des Schmutzes, der sich in seinen Lamellen anreichert. Wer denkt schon daran, daß sich ein Waschmittel nicht nur mit Wasser, sondern auch mit Luft verdünnen läßt? Oft benutzen die Leute zu viel Waschflüssigkeit.

Um dauerhaften Schaum herzustellen, muß man dem Wasser Schaumbildner zusetzen, die die Bildung von Oberflächen begünstigen. Solche Stoffe sind die Tenside, deren Moleküle aus einem hydrophilen (wasserliebenden) «Kopf» (einer Carboxylgruppe) und einem hydrophoben (wasserabstoßenden) «Schwanz» (einer Kohlenwasserstoffkette) bestehen. Sie sind oberflächenaktiv, das heißt, sie verringern die Oberflächenspannung. An den Oberflächen lagern sich Tensidmoleküle so an, daß der hydrophile Teil ins Innere der Seifenhaut, der hydrophobe Teil in die Luft ragt. Mechanische Arbeit ist aufzuwenden, sie von der Oberfläche zu entfernen und ins Innere der Flüssigkeit zu bringen. Auf dieser Eigenschaft der Tenside beruht der physikalische Mechanismus der Selbstheilung von Flüssigkeitshäuten. Dehnungen oder Verletzungen der Seifenhaut führen zu einer örtlichen Verringerung der Tensidkonzentration und daher zur Vergrößerung der Oberflächenspannung. Das Ungleichgewicht der Spannungen hat Strömungen an der Oberfläche zur Folge, die zur Wiederherstellung der Seifenhaut führen.

Der Antrieb von Strömungen durch Unterschiede der Oberflächenspannung heißt Marangoni-Effekt. Für ein eindrucksvolles Experiment färbt man eine dünne Schicht Wasser leuchtend mit Lebensmittelfarbe an und gibt in ihre Mitte einen Schuß farblosen reinen Alkohols, der die Oberflächenspannung stark herabsetzt. Das Wasser reißt den Alkohol in einer dramatischen Strömung auseinander.

Cognactränen: Den Marangoni-Effekt kann man auch bei alltäglichen Gelegenheiten beobachten. Wenn Cognac, Whisky oder andere ebenso hochprozentige wie stark farbige Spirituosen in Gläsern mit nicht zu steil ansteigenden Wänden dargeboten werden, kann man die Beobachtung machen, daß das Getränk ringsum am Glas hochsteigt und sich in einem Wulst oberhalb des Flüssigkeitsspiegels sammelt. Aus dem Ringwulst lösen sich hie und da Tropfen, die zur Masse der Flüssigkeit zurückfließen, je nachdem Cognactränen oder Whiskytränen. Die Erscheinung findet ihre Erklärung darin, daß aus der alkoholischen Flüssigkeit, die eine Mischung vornehmlich von Wasser und Ethylalkohol ist, mehr Alkohol als Wasser verdunstet. Das führt am Rande, wo die Flüssigkeit das Glas in einer dünneren Schicht benetzt, zu einer

stärkeren Verringerung der Alkoholkonzentration als mitten im Glas und daher außen zu einer merklichen Vergrößerung der Oberflächenspannung. Das Gleichgewicht kann nur dadurch wiederhergestellt werden, daß Flüssigkeit entgegen der Schwerkraft am Glas hochklettert. Größere Bedeutung als bei irdischen Experimenten kommt dem Marangoni-Effekt bei Experimenten im Weltraum zu, wo die auf der Erde dominierende Schwerkraft ausgeschaltet ist.

Farben und Formen von Seifenhäuten

«Die Farben dünner Blättchen» waren das Lieblingsthema eines unserer Physiklehrer. Damit ließ er sich leicht vom Stoff der Stunde ablenken. Wir brauchten ihm nur von einem schillernden Ölfleck auf dem nassen Asphalt zu erzählen, den wir auf dem Schulweg entdeckt hatten. Er fragte uns nach den Farben und pflegte anschließend seinen Lehrer Arnold Sommerfeld zu zitieren: «Den schönsten Farbenschmuck erzielt die Natur durch Interferenzfarben; man denke an die Flügel der Schmetterlinge, das Gefieder der Kolibris, an Opal oder Perlmutt. Welche Aussichten würden sich der Malerei eröffnen, wenn es gelänge, eine handliche Interferenzfarben-Technik auszubilden.» Ich habe das Zitat später im Optikband der «Vorlesungen über Theoretische Physik» des bedeutenden Münchener Physikers wiedergefunden.

Weißes Licht setzt sich aus sinusförmigen Lichtwellen verschiedener Frequenzen (oder Wellenlängen) zusammen, die dem Auge als Farben erscheinen. Sichtbar sind fürs menschliche Auge nur die Wellen, die im Vakuum (oder in der Luft) Wellenlängen λ zwischen etwa 380 nm (Nanometer = millionstel Millimeter) am kurzwelligen violetten Ende und etwa 780 nm am langwelligen roten Ende des Spektrums haben. Ein Glasprisma oder die Tröpfchen einer Regenwolke können weißes Licht durch Brechung in seine Spektralfarben zerlegen, die wir im Regenbogen sehen.

Interferenz: Die brillanteren Farben von Seifenhäuten und Ölflecken auf Pfützen entstehen auf andere Weise: durch «Interferenz» der Lichtwellen, die von der vorderen und der hinteren Grenzfläche der dünnen Haut zurückgeworfen werden. Die «vordere» Lichtwelle erleidet bei der Reflexion an der Seifenhaut als dem optisch dichteren Medium einen «Phasensprung» von $\lambda/2$, als ob sie den Weg einer halben Wellenlänge zusätzlich zurückgelegt hätte. Die «hintere» Welle kehrt um den längeren Lichtweg zweimal durch die Seifenhaut verzögert zurück. Der «Gangunterschied» der beiden Wellen entscheidet darüber, ob sie sich verstärken oder schwächen.

Natürliches Licht besteht aus Wellenzügen begrenzter Länge (oder Dauer), die von den einzelnen Atomen einer Lichtquelle spontan emittiert, das heißt unabhängig voneinander ausgestrahlt werden. Um zu interferieren, müssen die Wellenzüge «kohärent», das heißt von gleicher Frequenz und nicht zu großem Gangunterschied sein, in der Regel also von derselben Emission stammen.

Streifen gleicher Filmdicke: Zum einfachsten Versuch mit den Farben von Seifenhäuten taucht man ein rechteckiges Rähmchen aus Draht in Seifenlösung, hängt es senkrecht auf und beleuchtet es von vorn. Die eingespannte Seifenhaut erscheint äußerlich ruhig, aber an dem sich ändernden Streifenmuster wird sichtbar, daß Flüssigkeit unter ihrem Gewicht ständig nach unten sinkt. Die Haut ist daher nicht überall gleich dick, sondern bildet einen Flüssigkeitskeil, dessen Dicke nach unten zunimmt. Aber der Keilwinkel beträgt wenig mehr als ein tausendstel Grad, ist also nicht direkt zu sehen, und für die Lichtreflexion darf man den Keil in jeder Höhe als eine planparallele Schicht betrachten.

Obwohl die Seifenhaut in der Regel diffus beleuchtet sein wird, kann man sich in der Theorie auf den senkrechten Lichteinfall und die ebenfalls senkrechte Beleuchtung der Seifenlamelle beschränken. Die ankommende Lichtwelle wird zum geringen Teil an der vorderen Grenzfläche reflektiert, zum größeren Teil in die Seifenhaut hineingebrochen. Die Lichtgeschwindigkeit c_0 in der Luft ist ungefähr gleich der Vakuumlichtgeschwindigkeit, die Lichtgeschwindigkeit c in der Seifenhaut gleicht der des Wassers. Das Verhältnis beider, $c_0/c = n = 1{,}33$,

ist der Brechungsindex der Seifenhaut. Während die direkt reflektierte Welle bei der Reflexion am dichteren Medium einen Phasensprung von λ/2 erleidet, legt die andere Welle zweimal die Dicke d der Schicht mit der Lichtgeschwindigkeit c zurück und ist daher um die Zeit $t = 2d/c$ verzögert, die in der Luft der Strecke $s = c_0 t = 2nd$ entspricht. Der Gangunterschied beider Wellen ist also $2nd - \lambda/2$. Ist er gleich einer ungeraden Zahl halber Wellenlängen, treffen die Berge der einen mit den Tälern der anderen Welle zusammen, und die Wellen schwächen einander. Sie löschen sich sogar aus, weil beide Grenzflächen der Seifenhaut etwa gleichviel reflektieren. Ist der Gangunterschied ein ganzzahliges Vielfaches der Wellenlänge, $k\lambda$ ($k = 0, 1, 2, \ldots$), also unter der Bedingung

$$k = \frac{2nd}{\lambda} - \frac{1}{2},$$

verstärken sich die Wellen der Wellenlänge λ und treten als horizontale farbige Streifen in Erscheinung. Die Interferenzbedingung wählt für niedrige Interferenzordnungen k nur wenige Farben λ aus. Aus der Farbe kann auf den Gangunterschied und damit auf die Dicke der Lamelle in der betreffenden Höhe geschlossen werden. Die Farbstreifen entsprechen also den Höhenlinien einer Landkarte. Bei sehr großer Schichtdicke erfüllen viele Wellen die Bedingung und mischen sich, die Lamelle erscheint weiß. Aus dem gleichen Grunde zeigen unverspiegelte Christbaumkugeln im allgemeinen keine Interferenzfarben. Ist die Schichtdicke viel kleiner als alle Wellenlängen sichtbaren Lichts, bleibt vom Gangunterschied nur der Phasensprung um eine halbe Wellenlänge übrig, alle Wellen löschen sich aus, und der Film erscheint schwarz.

Wie konstant ist die Oberflächenspannung? Bei kritischer Prüfung des mechanischen Gleichgewichts von Seifenhäuten fällt auf, daß die Haut bei konstanter Oberflächenspannung ihr eigenes Gewicht nicht tragen könnte. Darüber äußert sich schon Charles Vernon Boys 1911 in seinem schönen Buch «Soap Bubbles, their Colours, and the Forces which Mould them» (Nachdruck bei Dover Publ., Inc., New York, 1959). Schnitte man (in Gedanken) aus einer senkrechten Seifenhaut ein Stück heraus, wären die Kräfte am Schnittrand bei konstanter Oberflächenspannung miteinander im Gleichgewicht. Das herausgeschnittene Stück Seifenhaut müßte deshalb durch sein Gewicht frei zu fallen beginnen wie ein Stein. Das beobachtet man nicht. Also muß die Spannung in der Seifenhaut von unten nach oben mit dem Gewicht wachsen, das sie zu tragen hat. Zur Erklärung bezieht sich Boys auf den berühmten Josiah Willard Gibbs, der in seinem Buch «Thermodynamics» ausführt, daß die Oberfläche von Seifenhäuten mit einer Substanz angereichert sei, die ihre Oberflächenspannung vermindere (die amphipathischen Moleküle eines Tensids). Durch die Dehnung der Seifenhaut vermindere sich die örtliche Konzentration der Substanz in der Oberfläche, und dadurch erhöhe sich die Oberflächenspannung.

Das Gewicht von Seifenhäuten ist allerdings, gemessen an der Oberflächenspannung, vernachlässigbar klein. Ein $\ell = 10$ cm langer Streifen einer Seifenhaut der durchschnittlichen Dicke $d = 10^{-5}$ cm, die für Seifenblasen charakteristisch ist, wiegt auf der Längeneinheit seiner

Breite nur $\gamma = \rho_w g d\ell = 10^{-6}$ N/cm ($\rho_w = 1$ g/cm³ Dichte des Wassers, $g = 10$ m/s² Schwerebeschleunigung). Die beiden Oberflächen der Haut ziehen mit der fünfhundertfachen Kraft $2\sigma = 5 \cdot 10^{-4}$ N/cm an der Haut. Die Formen von Seifenhäuten hängen daher vom Gewicht so gut wie gar nicht ab.

Minimalflächen: Taucht man einen Drahtring in Seifenlösung, schließt er beim Herausziehen eine Seifenhaut ein. Um ihre Oberfläche zu erzeugen, mußte Energie aufgewendet werden, pro Flächeneinheit die spezifische Oberflächenenergie, die gleich der Oberflächenspannung σ ist. Wenn die Natur den Energieaufwand minimiert, ist die Seifenhaut – vorausgesetzt, man kann ihr Gewicht vernachlässigen und von Blasen absehen – die Fläche kleinster Oberfläche, die in den Drahtring paßt: eine Minimalfläche. Die Mathematiker haben sehr bald bemerkt, daß auf Minimalflächen die «mittlere Krümmung» (das arithmetische Mittel der größten und der kleinsten Normalkrümmung) an jedem Ort verschwindet und Minimalflächen daher Ebenen oder Sattelflächen sind. Das macht sie berechenbar, und damit beschäftigen sich Mathematiker seit zwei Jahrhunderten. Ihre Ergebnisse füllen dicke Bücher. Man kann die Minimalflächen aber auch praktisch herstellen. Ich kann den Lesern mit Nachdruck empfehlen, Ringe und Polyeder (Tetraeder, Würfel usw.) aus Draht zu biegen oder aus Trinkhalmen zusammenzustecken und sich von den Minimalflächen überraschen zu lassen, die sich bilden, wenn man die Gerüstkörper in Seifenlösung eintaucht. Bei nochmaligem Eintauchen in die Seifenlösung entstehen auch bizarre Luftblasen.

Im folgenden beschränke ich mich auf das Beispiel von Minimalflächen in oder zwischen Kreisringen. Die Minimalfläche eines ebenen Kreisrings ist die Kreisfläche. Welche Seifenhaut bildet sich als Ringfläche zwischen zwei parallelen Kreisringen vom Radius R im Abstand d, wenn die Häute in den Kreisen durchstochen werden, damit keine Luftblase eingeschlossen bleibt? Ist es der Zylindermantel oder der Doppelkegel? Es ist eine Kettenfläche, die durch Drehung einer Kettenlinie um die Symmetrieachse entsteht. Diese Form der Minimalfläche ist aber nur für $d/R < 1{,}325$ stabil, sie schnürt sich für größere Abstände d der Ringe ab und geht sprunghaft in zwei Kreisscheiben

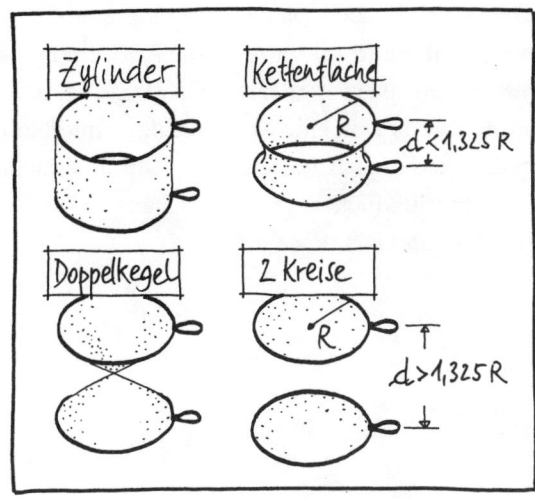

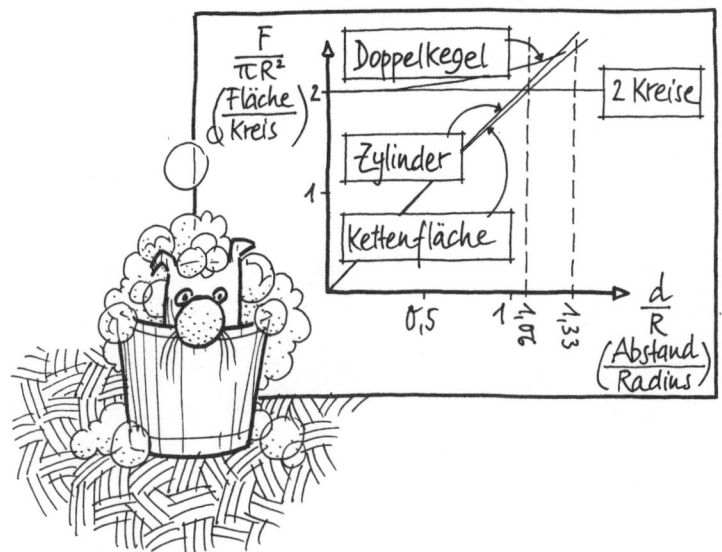

über. Im Schaubild sind die Oberflächen der vermuteten Lösungen über dem Abstand aufgetragen. Für Abstände $d > 1{,}06\,R$ ist die Oberfläche der Kettenfläche zwar schon größer als die Oberfläche der zwei Kreisscheiben, aber erst bei $d = 1{,}324\,R$ springt die Fläche um. Außer der Kettenfläche gibt es zwischen zwei Kreisringen eine weitere Minimalfläche, die der Kettenfläche ähnlich verläuft, aber in der Mitte durch eine dritte, ebene Seifenhaut eingeschnürt wird. Ihre Fläche ist nur relativ minimal. Ändert man die Anordnung der Kreisringe etwas ab, indem man zwei Ringpaare aufsägt und kreuzweise zu einer Kurve zusammenfügt, die in eine Kreislinie deformierbar ist (wenn der Draht es zuläßt), lassen sich verschiedene Minimalflächen einspannen, die sogar unterschiedlichen (topologischen) Zusammenhang haben wie Kreisflächen und Ringflächen.

Unter Druck oder Unterdruck?

Hafthaken: Man nennt sie «Saughaken», die praktischen Aufhänger, die ohne Klebstoff oder Nägel an Fliesen oder Kunststoffflächen haften. Ihre kreisrunden, anschmiegsamen Gummimanschetten heißen «Saugnäpfe», doch zu Unrecht, denn sie werden nicht an die Wand gesogen. Im Gegenteil – die Luft der Atmosphäre drückt sie an die Wand mit einer Kraft, die im Mittel 10 N («Newton») pro Quadratzentimeter oder 1 Bar beträgt. So groß ist der Druck der Luftsäule, die in Meereshöhe auf uns lastet (mit geringen Schwankungen, die das Barometer anzeigt). Auf dem Mond, der keine Atmosphäre hat, sind Saugnäpfe nicht zu gebrauchen. Ebensowenig wie es Mondfliegen geben kann, könnten sich Mondkäfer mit Saugfüßchen außen an den Wänden der Landefähre festhalten.

Ein großer Saugnapf vom Durchmesser $2R = 6$ Zentimeter bedeckt die Wand auf einer Fläche von $\pi R^2 = 28$ Quadratzentimetern. Auf ihm lastet daher bei dem Luftdruck p_0 von einem Bar die Kraft $\pi R^2 p_0 = 280$ N (etwa 28 Kilopond). Diese Kraft entspricht dem Gewicht eines schweren Koffers. Die wirksame Anpreßkraft P ist nach meinen Beobachtungen fast um die Hälfte kleiner, weil beim Andrücken an die Wand unvermeidlich ein kleiner Rest Luft unter der Manschette bleibt, wieviel, das hängt vom Anpreßvorgang ab. Beim Andrücken an die Wand ist der Saugnapf wie auf einem Gleitfilm leicht verschiebbar, was vermuten läßt, daß noch Luft nach außen strömt. Der Innendruck p in der Luftblase unter der Manschette ist (nach der Gasgleichung $p = mR_L T/V$) bei gegebener Temperatur T der Masse m der einge-

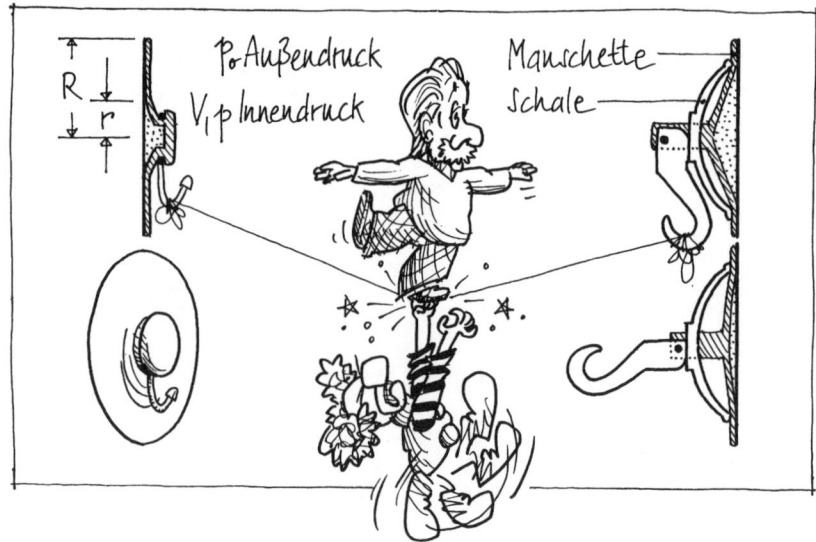

schlossenen Luft direkt und ihrem Volumen *V* umgekehrt proportional (R_L ist die spezifische Gaskonstante für Luft). Er erzeugt eine Gegenkraft, die die Manschette von der Wand abzudrücken sucht. Sie ist gleich dem Produkt aus der wandparallelen inneren Querschnittsfläche πr^2 und dem Druck *p* in der Blase: $F = \pi r^2 p$. Um die Gegenkraft so klein wie möglich zu machen, kann man entweder die Querschnittsfläche oder den Druck verkleinern. Gewöhnliche käufliche Saughaken haben in der Mitte eine hohe Kammer von kleinem Querschnitt, die zur Aufnahme der Restluft beim Andrücken der Manschette gedacht sein könnte. Möglicherweise umschließt die weiche Manschette weitere kleine Luftblasen, die zur Gegenkraft beitragen. Bei einem anderen Typ, den Hebelsaughaken, sind die Querschnittsflächen innen und außen fast gleich groß, d.h. *r* ist kaum kleiner als *R*. Um die Gegenkraft *F* zu verkleinern, zieht man die weiche Manschette durch Hebelkraft in die darüberliegende Schale herein. Dadurch vergrößert sich das Volumen *V* der eingeschlossenen Luftblase, und der Druck *p* sinkt stark ab.

Saughaken lassen sich nur mit verhältnismäßig großer Kraft *senkrecht* von der Wand abziehen; sie werden aber *parallel* zur Wand belastet, wenn Handtücher, Schlüssel, Küchenzubehör und ähnliches daran aufgehängt werden. In Richtung der Wand ist die Belastbarkeit deutlich geringer. An sauberen, trockenen Wänden lassen sich die Haken nach aller Erfahrung nur bis zu einer Grenze belasten, die mit der Anpreßkraft wächst und empfindlich von der Art und der Beschaffenheit der beiden Oberflächen abhängt. Im einfachsten Gedankenmodell halten sie Lasten G aus, die kleiner als ein gewisser Bruchteil c der Anpreßkraft P sind: $G < cP$. Typische Zahlenwerte der «Haftungsziffer» c liegen zwischen 0,1 und 0,5. Weicher Gummi haftet fest an glatten Flächen. Hat die Oberfläche Rillen, durch die Luft einfließt, können Hafthaken nicht halten. Dazu genügt schon eine einzige haarfeine durchgehende Rille. An Badfliesen lassen sich Lecks vorübergehend mit etwas Wasser abdichten. Ein fließfähiger Flüssigkeitsfilm oder Fettfilm zwischen Saugnapf und Unterlage senkt jedoch drastisch die Belastbarkeit des Hakens. Das System wird zum Gleitlager, die Manschette wird leicht auf der Wand verschiebbar, so schwer sie auch senkrecht von der Wand abzuziehen ist.

Leerer Raum: Erfinderin des Saugnapfes war (vor den Menschen) die Natur, die sie zum Beispiel an Insektenfüßen verwirklicht hat. Als Entdecker des Saugnapf-Prinzips (wenn auch nicht als Erfinder seiner bescheidenen hauswirtschaftlichen Anwendung im Saughaken) darf Otto von Guericke gelten, seiner Zeit Otto Gericke, Bürgermeister der im Dreißigjährigen Krieg schwer geschundenen Stadt Magdeburg. Er erfand die Vakuumpumpe und machte damit eindrucksvolle Experimente. Zum Beispiel ließ er einen Kupferkessel auspumpen und mit lautem Knall implodieren. Seine Demonstrationen führte er 1654 auf dem Reichstag zu Regensburg so publikumswirksam vor, daß sie Kaiser Ferdinand III. beeindruckten und Johann Philipp, den Erzbischof von Mainz und Bischof von Würzburg, so begeisterten, daß er ihm die Gerätschaften kurzerhand abkaufte und nach Würzburg bringen ließ. Dort wirkte ein bedeutender Naturforscher, der Jesuitenpater Kaspar Schott, der zu Guerickes wissenschaftlichem Verbündeten wurde und dessen «Magdeburger Versuche» im Anhang zu seinem Buch «Mechanica hydraulico-pneumatica» veröffentlichte.

Guerickes experimenteller Nachweis der Existenz eines leeren (oder fast leeren) Raumes widersprach der herrschenden Lehrmeinung der Scholastiker, die sich auf Aristoteles gründete. Danach hatte die Natur einen «horror vacui», eine Abscheu vor der Leere. Zwar hatte schon der große Galilei erkannt, daß dieser Widerwille offenbar nicht grenzenlos war, denn weshalb konnte sonst das von Pumpen angesaugte Wasser nicht höher als 32 Fuß (10 Meter) senkrecht emporsteigen? Er betraute seinen bedeutendsten Schüler, Torricelli, mit der Untersuchung dieser Frage. Aber alle experimentellen Erfahrungen hinderten Guerickes Gegner, Patres der Gesellschaft Jesu, nicht daran, sogar die himmlischen Heerscharen zum Gegenangriff zu mobilisieren, indem sie behaupteten, nicht einmal Engelsgewalt könne die Blätter eines Blasebalgs auseinanderziehen, falls die Öffnung für die Luftzufuhr verstopft werde. Welch besseren Beweis für die Unmöglichkeit des leeren Raumes könne es geben?

Die Magdeburger Halbkugeln: Das berühmte Experiment mit den evakuierten Halbkugeln fand nicht vor 1656 in Magdeburg statt und in großer Aufmachung 1661 am kurfürstlich-brandenburgischen Hof. Guericke beschreibt den Versuch mit eigenen Worten: *«Ich ließ zwei kupferne Halbkugeln oder Schalen anfertigen von ungefähr 3/4 Ellen [Anmerkung: etwa 42 Zentimeter] Durchmesser. ...*

Auch ließ ich einen Lederring nähen, der gründlich mit einer Wachs-Terpentin-Mischung durchtränkt war. ... Mit dem Lederring als Zwischenlage wurden nun diese Halbkugeln aufeinandergepreßt und dann die Luft ... rasch ausgepumpt. ... Und in dieser Gestalt hafteten sie unter Einwirkung des Luftdrucks so, daß sechzehn Pferde sie gar nicht oder nur sehr mühsam auseinanderzureißen vermochten. Gelingt die Trennung doch noch, so gibt es einen Knall wie von einem Büchsenschuß.»

Guericke berechnete die Kraft, die die Halbkugeln zusammenpreßte, zu 2686 Pfund (etwa 1,3 Tonnen) und bemerkte, daß die je acht Pferde auf den beiden Seiten mit derselben Kraft ziehen müssen. Das Gegenwirkungsprinzip (actio = reactio), das später von Newton bei seiner Grundlegung der Gesetze der Mechanik als *lex tertia* formuliert wurde, war ihm also bekannt. Der Bürgermeister wußte daher, daß er die acht Pferde auf einer Seite hätte durch eine feste Mauer ersetzen können. Nicht einmal die restlichen acht Pferde wären aber nötig gewesen, wenn er sich einer zweiten Mauer und eines Flaschenzugs bedient hätte. Bei hinreichend großer Untersetzung dieser Arbeitsmaschine hätte er genug Kraft in seinen Armen gehabt, die Halbkugeln selbst auseinanderzureißen. Um sich die Pumparbeit zu erleichtern, hätte er sogar anstelle der Halbkugeln flache Saugnäpfe (ähnlich denen von Saughaken) verwenden können, auf die bei gleicher Querschnittsfläche nach dem Auspumpen ihres wesentlich kleineren Luftinhalts eine gleich große Anpreßkraft gewirkt hätte. Der Gefahr, daß die große Kraft die flachen Schalen zuammenquetscht, hätte er durch ein paar kräftige Stützen als Abstandshalter begegnen können. Nichts derglei-

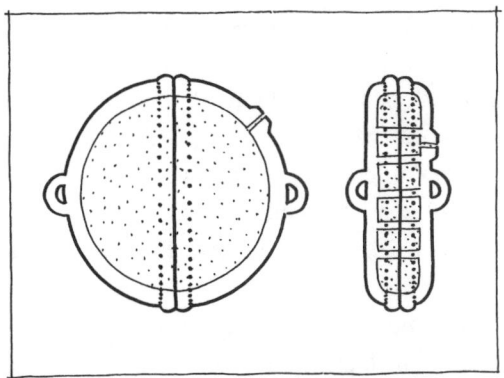

chen hat er getan, denn der Herr Bürgermeister wollte die Öffentlichkeit beeindrucken. Das ist ihm so vorzüglich gelungen, daß man noch heute davon spricht. Das Beispiel zeigt, daß schon damals Politiker Geld verschwendeten, um auf sich aufmerksam zu machen. Zur Verteidigung des experimentierenden Bürgermeisters sollten wir aber bedenken, daß er große Publizität brauchte, um seine ideologischen Gegner zum Schweigen zu bringen.

Vakuum-Gepäckträger UNITEC®: Ein Artikel zur aktiven Verkehrsgefährdung, vertrieben von einer deutschen Baumarktkette. Man glaubte es nicht, stünden die technischen Angaben nicht gedruckt in dem farbigen Prospekt: «*Geeignet für alle Autotypen, blitzschnelle Montage, vielseitig und flexibel im Einsatz, TÜV geprüft. Ersetzt herkömmliche Lastenträger, Zugkraft 1,5 to. TÜV-Freigabe bis 130 km/h.*»

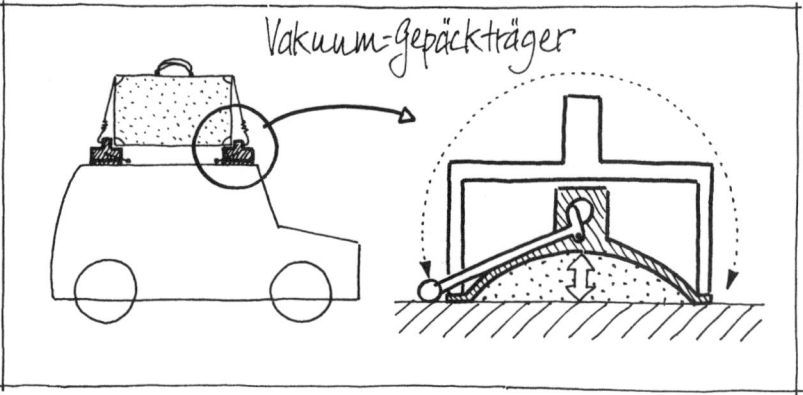

Ich habe selbstverständlich keine 99 DM verschwendet, um die Angaben am Objekt nachzumessen. Aus den Maßen der Verpackung geht hervor, daß die Zahlen erlogen sind. Jeder der beiden kreisrunden Saugnäpfe kann bei dem Außenmaß des Kartons (20 x 30 cm) höchstens eine Fläche von 207 cm^2 bedecken. Der atmosphärische Druck von etwa 10 N/cm^2 kann auf beide zusammen maximal mit einer Kraft von 0,414 to drücken. Beim gleichzeitigen senkrechten Abziehen beider Saugnäpfe von der Haftfläche kann höchstens dieser Widerstand auftreten, die Angabe 1,5 to im Prospekt ist um mehr als einen Faktor 3 zu hoch. Im übrigen wird der Gepäckträger durch den Fahrtwind vom Dach oder von der Kofferraumhaube heruntergeschoben, wozu viel geringere Kraft ausreicht. Auch Lackschäden der Karosserie sind verhängnisvoll. Das totale Versagen des Gepäckträgers ist vorhersehbar. In kritischen Situationen auf der Autobahn könnte das Gepäckstück zum tödlichen Geschoß für andere Verkehrsteilnehmer werden. Unsere Reklamationen beim TÜV Rheinland waren leider nicht erfolgreich.

Rollen-Spiele

An Orten, die er regelmäßig und dauerhaft besucht, in der Badewanne und auf der Toilette, macht der Mensch frühe Erfahrungen mit Physik und Technik. Da stellen sich viele Fragen, von denen die wenigsten zufriedenstellend beantwortet werden. Kennen sie schon den

Klopapier-Effekt? Käufliches Toilettenpapier ist in Abständen von etwa 14 Zentimetern über die ganze Breite hinweg perforiert. An diesen «Sollbruchstellen», wie sie im Ingenieur-Jargon heißen, soll man die einzelnen Blätter leicht abreißen können. Sollbruchstellen gibt es auch anderswo, zum Beispiel an den Griffen bayerischer Bierkrüge, deren Gefährlichkeit als Schlagwaffe bei gelegentlichen Raufereien durch den Bruch gemildert werden soll. Häufig reißen die Blätter nicht, wo sie sollen, sondern an einer Ecke oder mittendurch, weil vielleicht das Papier feucht geworden ist und dadurch an Festigkeit verloren hat. Die Heimtücke der Natur beim Zerreißen der gewissen Papiere spiegelt sich in einem einfachen Experiment, das wir sinnfällig den «Klopapier-Effekt» genannt haben.

Trennen Sie von einem Bogen Schreibpapier einen Streifen von, sagen wir, 8 Zentimeter Breite und 20 Zentimeter Länge ab und machen Sie mit einem scharfen Messer oder einer Rasierklinge in möglichst großem Abstand voneinander und von den Enden des Papierstreifens einen etwa 3 Zentimeter langen Schnitt und zwei Schnitte bis zu 2,5 Zentimetern Länge in einer Linie (siehe Skizze). Nehmen Sie den

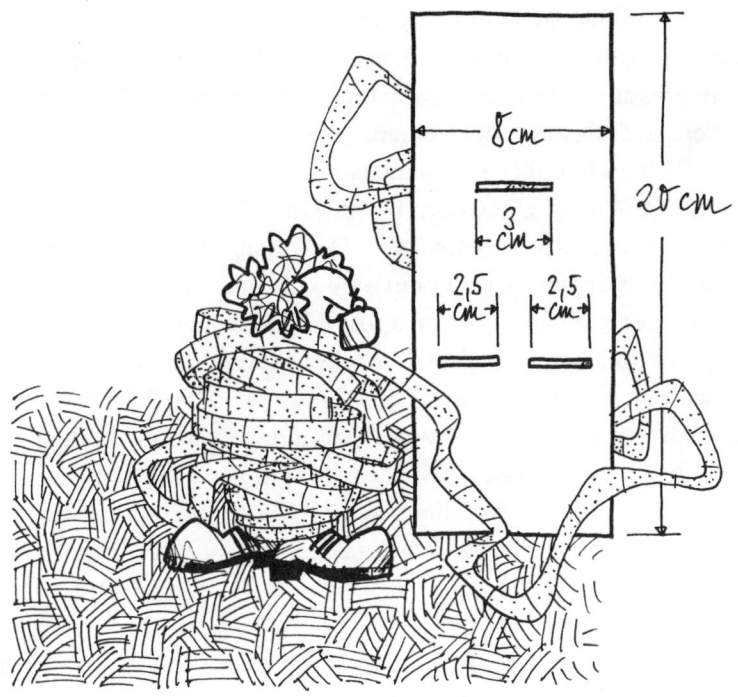

Streifen zum Ziehen an den beiden Schmalseiten möglichst breit zwischen die Handballen und die Finger, um die Zugkraft möglichst gleichmäßig auf die Breite zu verteilen, und achten Sie darauf, daß er sich wenig aus der Ebene herauswölbt. Wo wird er zerreißen? Bevor Sie es tun, lassen Sie uns einen Augenblick überlegen. Nach «gesundem Menschenverstand» sollte der Streifen dort reißen, wo die Papierbrücken am schmalsten sind, das heißt am Doppelriß, weil sich dort die Zugkraft der Hände auf eine kleinere Strecke verteilt und deshalb im Mittel eine größere Spannung zu erwarten ist als am Einzelriß. Würde es sich aber in diesem Falle lohnen zu fragen?

Warum reißt der Streifen regelmäßig am Einzelriß? Die naheliegende Begründung, die zum entgegengesetzten Schluß (ver-)führte, beruhte auf der Annahme, daß sich die Zugkraft der Hände etwa gleichmäßig über die Papierbrücken verteile. Das aber trifft nicht zu. An den Rißspitzen treten sehr große Spannungen (Spannungskonzentrationen) auf, die am Einzelriß größer sind als am Doppelriß. Deshalb hält der Streifen am Doppelriß mehr aus. Die Erscheinung ist im Flugzeugbau wohlbekannt. Entstehenden Rissen an Tragflächen begegnet man paradoxerweise mit zusätzlichen Löchern. Gezielt angebracht heißen sie Entlastungsbohrungen.

Die herkömmliche Elastizitätstheorie vermag die Spannungen in einem Streifen mit Querrissen bei gleichmäßigem Längszug an seinen beiden Enden nicht zu berechnen. Sie sagt an den Rißspitzen unendliche große Spannungen voraus, obwohl im Gültigkeitsbereich der Theorie nur «kleine» Spannungen und Verzerrungen vorkommen dürfen. Immerhin ist das Ergebnis ein Hinweis auf die singuläre Natur der Rißspitzen, und man schließt aus dem unterschiedlichen Wachstum der (aus der Theorie folgenden) Spannungen bei Annäherung an die Spitzen des Einzelrisses bzw. des Doppelrisses auf entsprechendes Wachstum der Risse. Auf diese Weise läßt sich der «Klopapier-Effekt» theoretisch wenigstens plausibel machen, wenn auch nicht streng begründen.

Papier von der Rolle: Haben sie schon einmal auf einem fremden stillen Örtchen sitzend nach dem Toilettenpapier geangelt und das dringend Benötigte erst nach einer gewagten Linksschraube des Oberkörpers halbschräg hinter sich entdeckt an einer Stelle, die sie nur mit Anstrengung und der linken Hand erreichen konnten? Für solche Fälle wurden Toilettenpapierhalter erfunden, die sich einhändig bedienen lassen. Da Gebrauchsanweisungen in Toiletten nicht üblich sind, müssen sich die Funktionen der Papierspender von selbst erklären: Erstens, wie man mit einer Hand genau ein Blatt herauszieht, ohne es zu zerreißen, und zweitens, wie man es möglichst an der Perforation abreißen kann, ohne die andere Hand zum Festhalten der Rolle zu benötigen.

Ein Standardgerät, das seine Aufgabe recht und schlecht erfüllt, erfreut sich weiter Verbreitung. Die Papierrolle dreht sich um eine fest gelagerte Holz- oder Plastikwalze. Von oben drückt ein Klemmbügel, der wie ein Deckel aussieht, durch Federkraft oder durch sein Gewicht oder durch beides und hemmt die Drehung der Rolle. Zieht man mit zu geringer Kraft F am Papier, läßt sich die

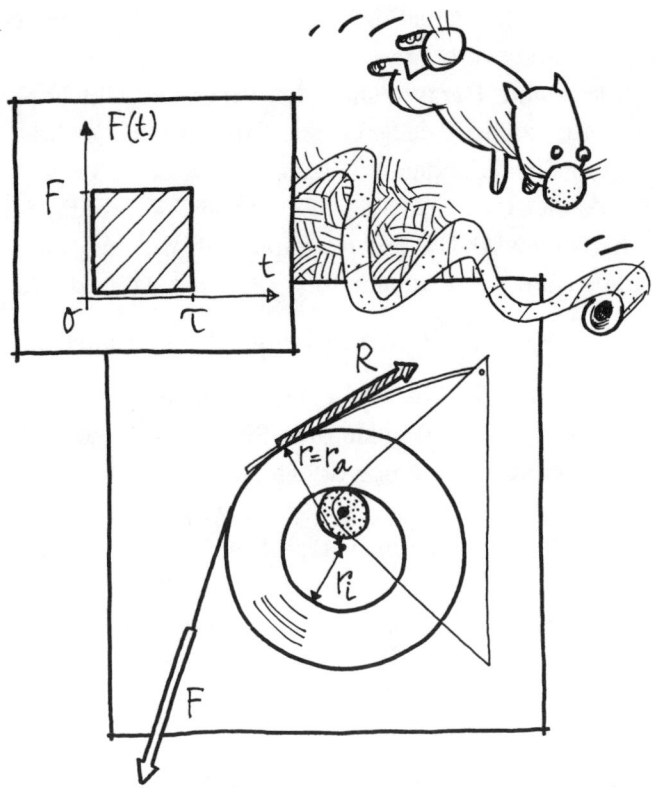

Rolle nicht bewegen. Falls die Reißfestigkeit des Papiers (die größte Zugkraft, die es aushält, ohne zu zerreißen) groß genug ist, kann man die Kraft F steigern, bis sie die Haftung des Papiers am Klemmbügel überwindet, und dann ad libitum Papier herausziehen.

Um ein Blatt abzureißen, kann man, wenn man nicht mit der anderen Hand auf den Bügel drücken will, die Trägheit der Rolle ausnutzen, indem man ruckartig am Papier zieht. Dabei gerät die Rolle in Bewegung und würde sich ganz abwickeln, wenn nicht die Reibung am Klemmbügel sie anschließend wieder bremste. Man erkennt aus dieser Beschreibung, daß die Größe der Reibung, die Trägheit der Rolle und die Reißfestigkeit des Papiers (unter Berücksichtigung der Perforation) aufeinander abgestimmt sein müssen, wenn das Gerät so funktionieren soll. Die Funktion hängt nicht davon ab, wie herum die Papierrolle eingelegt wird, es sei denn, der Bügel hat eine scharfe

Kante, die sich so ins Papier drückt, daß sie ähnlich einer Sperrklinke seine Rückdrehung verhindert.

Das langsame Herausziehen des Papiers scheint unproblematisch, aber das rasche Abreißen eines Blattes bedarf der Erläuterung. Lassen sie uns insbesondere schätzen, welche Zeit τ vergeht, bis ein Blatt abgerissen ist, wenn «ruckartig», das heißt kurzzeitig mit großer Kraft F, gezogen wird. Die Toilettenpapierrolle habe die Masse m, den Innenradius r_i und den Außenradius $r = r_a$ und daher das Trägheitsmoment $J = \dfrac{m}{2}(r_i^2 + r_a^2)$. Bei einer Drehung der Rolle um den Winkel α beträgt der Papiervorschub $s = r\alpha$. Der Drehimpuls bei der Winkelgeschwindigkeit $\dot\alpha$ ist $J\dot\alpha$ (Punkte über Symbolen bedeuten Zeitableitungen), die zeitliche Änderung des Drehimpulses gleich der Summe der Drehmomente der Antriebskraft F (entgegen dem Uhrzeigersinn) und der nach der Coulombschen Hypothese konstant vorausgesetzten Reibungskraft R (im Uhrzeigersinn): $J\ddot\alpha = r(F - R)$. Für den Papiervorschub s folgt daraus die explizite Differentialgleichung

$$\ddot s = \frac{r^2}{J}(F - R).$$

Zur Anfangszeit $t = 0$ gelten für den Vorschub und die Vorschubgeschwindigkeit die Bedingungen $s = \dot s = 0$. Die Kraft F setzt zur Zeit $t = 0$ ein und bleibt voraussetzungsgemäß konstant, bis zum Zeitpunkt τ das Blatt abreißt. Diese Angaben legen die Bewegung $s(t)$ des Papiers für alle Zeit $t \geq 0$ als Lösung der Differentialgleichung fest. Die Rolle wird bis zum Zeitpunkt τ beschleunigt, danach abgebremst und kommt zur Zeit $t_\infty = F\tau/R$ wieder zur Ruhe. Der Papiervorschub beträgt dabei

$$s_\infty = \frac{r^2}{J}\frac{F}{R}(F - R)\frac{\tau^2}{2}.$$

Wenn man den Papiervorschub beobachtet, kann man die Abrißzeit τ bestimmen, vorausgesetzt, man kennt die Kräfte:

$$\tau = \sqrt{\frac{2JRs_\infty}{r^2 F(F - R)}}.$$

Für ein Zahlenbeispiel wählen wir $m = 200\,g$, $r_i = 2\,cm$, $r = r_a = 6\,cm$, folglich $J = 4000\,g\,cm^2$. Dazu werden $R = 2\,N$ (1 Newton = 1 N = 1 kgm/s^2) und $F = 10\,N$ vorausgesetzt. Beobachtet man den Vorschub $s_\infty = 2\,cm$, hat es nur $\tau = 0{,}01$ Sekunden gedauert, bis das Blatt abriß.

Wenn der Klemmbügel vorn eine scharfe Kante hat, lassen sich von diesem Spender auch ohne Ausnutzung der Trägheit mit einer Hand Blätter abreißen. Dazu zieht man das Papier über die Kante zurück, an der es durch Selbsthemmung haftet, und steigert die Zugkraft bis zur Abrißgrenze. Dazu ist die Perforation des Papiers nicht nur überflüssig, sondern sogar von Nachteil.

Der einfachste Toilettenpapierhalter, den es gibt, ist eine sinnreiche Konstruktion. Ein beweglicher Bügel der Länge ℓ trägt eine Transportwalze vom Radius a, auf der die Papierrolle ruht. Ihr Gewicht hilft der Hand, sie gegen die Wand zu drücken, die jetzt die Aufgabe übernimmt, die Drehung der Rolle zu hemmen. Von diesem Toilettenpapierhalter läßt sich mit einer Hand Papier abreißen, wenn die Wand nicht zu glatt ist, und es macht offensichtlich einen Unterschied, wie herum die Rolle eingelegt wird. In einem alten Mitropa-Schlafwagen der Bahn auf dem Weg nach Prag entdeckten wir eine Luxusausführung dieses Typs mit Querrippen aus Metall auf der Wand wie auf Großmutters Waschbrett als Reibungselement. Ich komme darauf zurück.

Zur Vereinfachung werden die Gewichte des Bügels und der Walze gegen das Gewicht der Rolle vernachlässigt, eine Annahme, die sich um so schwerer rechtfertigen läßt, je weniger Papier noch auf der Rolle ist. Außerdem wird angenommen, daß die Walze sich reibungsfrei um ihre Achse drehen läßt. Unter diesen Voraussetzungen nimmt der Bügel immer Radialrichtung an, und der Winkel γ läßt sich direkt aus den Gerätedaten ermitteln: $\sin\gamma = r_a /(\ell - a + r_i)$. In die Skizze sind alle Kräfte eingetragen, die auf die Rolle wirken, das Gewicht G, die Stützkräfte K der Walze und S der Wand, die Haftkraft H an der Wand und die Zugkraft F am Papier für den Fall, daß das Papier sich oben abwickelt. Es ist Routinesache, die Gleichgewichtsbedingungen der Kräfte und Drehmomente aufzustellen. Für den Papiertransport und das Abreißen sind zwei Bedingungen von Bedeutung: erstens die

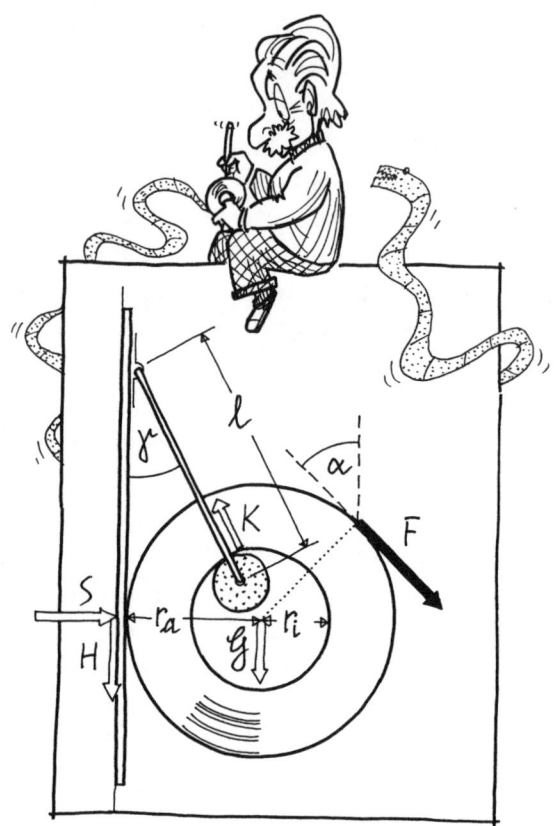

Kontaktbedingung ($S > 0$), die garantiert, daß die Papierrolle gegen die Wand gedrückt wird, und (falls Kontakt gegeben ist) die Haftbedingung ($|H| < \mu_0 S$ mit der Haftungsziffer μ_0), die sicherstellt, daß die Rolle sich nicht dreht. Falls die Rolle mit dem Ende des Papiers obenauf eingelegt ist, lautet die Haftbedingung:

$$\frac{F}{G}\left(\frac{\sin(\alpha - \gamma)}{\sin\gamma} - 1 + \frac{\cot\gamma}{\mu_0}\right) < 1.$$

Mit der Bedingung für Haften ist auch die Bedingung für Kontakt erfüllt (aus $\mu_0 S > |H|$ folgt $S > 0$).

Wenn die Rolle andersherum eingelegt und auf der Unterseite unter dem Winkel α mit der Kraft F gezogen wird, gilt dieselbe Ungleichung mit (+1) statt (−1) in der Klammer.

Papier fördern: Um mit möglichst kleiner Kraft F Papier zu fördern, zieht man das Ende des Papiers senkrecht zum Bügel (unter dem Winkel $\alpha - \gamma = \pi/2$) von der Rolle. Vorausgesetzt, die Wand, an der sich die Rolle reibt, ist nicht zu rauh und das Papier reißt nicht vorher ab, läßt sich die Rolle drehen. Sie gibt Papier frei, ohne den Kontakt mit der Wand zu verlieren, wenn die Zugkraft F die bei der gegebenen Anpreßkraft S größtmögliche «Haftkraft» oder Haftgrenze F_0 überschreitet.

$$F > F_0 = \frac{G \sin \gamma}{1 - \sin \gamma + \cos \gamma / \mu_0}.$$

Für ein typisches Beispiel, $G/g = 0{,}15$ kg (mit $g = 10$ m/s^2 Schwerebeschleunigung) und $\gamma = 30$ Grad, findet man bei hinreichend großer Rauhigkeit der Wand ($\mu_0 = 1{,}0$) die Haftgrenze $F_0 = 0{,}6$ N (Newton), die einem Gewicht von 60 Gramm entspricht und im allgemeinen unter der Reißgrenze von Toilettenpapier liegt.

Falls die Festigkeit des Papiers es zuläßt, kann man die Rolle mit etwas größeren Kräften

$$F > \frac{G \sin \gamma}{1 - \sin \gamma}$$

ganz von der Wand abheben, um das Papier rascher abwickeln zu können. Aber bei dieser Art der Förderung läßt sich die Menge schwer steuern.

Papier abreißen: Um (einhändig) Papier von der Rolle abzureißen, zieht man am günstigsten ebenfalls senkrecht zum Drahtbügel, diesmal aber auf die Wand zu (unter dem Winkel $\alpha - \gamma = -\pi/2$), um den Wandkontakt zu verstärken. Da die Zugkraft F jetzt dazu beiträgt, die Rolle an die Wand zu drücken, erhöht sie auch die Haftgrenze. Diese «Selbsthemmung» wächst mit der Rauhigkeit der Wand. Unter der Bedingung $\mu_0 > \cos \gamma / (1 + \sin \gamma)$ (Selbsthemmungsbedingung) ist Haftung sogar bei beliebig großer Zugkraft F gewährleistet (bei $\gamma = 30$ Grad zum Beispiel für $\mu_0 > 1/\sqrt{3} \approx 0{,}7$). Man kann daher mit größerer Kraft F als der Reißgrenze ziehen und mit einer Hand Papier abreißen.

Käufliche Toilettenpapierspender dieser Bauart erfüllen die Voraussetzung für einhändige Bedienbarkeit heute in der Regel nicht mehr, auch nicht die der Nobelmarken. Die kluge Idee, die in der oben erwähnten Toilette im alten Mitropa-Schlafwagen noch präsent war, scheint gedankenloser Nachahmung zum Opfer gefallen zu sein.

Harte Schale – weicher Kern

Unsere Nußknacker pressen die harte Schale zusammen, bis sie bricht, und beschädigen oft den Kern. Eichhörnchen sind geschickter in der Kunst, eine Nuß zu knacken.

Nüsse knacken wie die Eichhörnchen: Die Natur hat manche Früchte mit sehr harter Schale ausgestattet, die es Mensch und Tier schwer macht, an den nahrhaften Kern zu kommen. Für eine Pflanzengattung muß der Verzehr ihrer Früchte nicht immer zum Schaden sein. Zum Beispiel ist das Eichhörnchen ein großer Nußfresser und trägt gerade dadurch zur Verbreitung von Hasel- und Walnuß bei, weil es von den Nüssen, die es scheinbar planlos an den verschiedensten Orten vergräbt, im Laufe des Winters eine große Zahl nicht wiederfindet. Im Frühjahr keimen die Nüsse, und es wachsen neue Nußbäume, falls es ihnen an dem Standort gefällt. Wenn junge Nußbaumpflanzen in einem Garten wachsen, wo weit und breit kein großer Nußbaum steht, können sie von der emsigen Tätigkeit des Eichhörnchens herrühren.

Erfahrene Eichhörnchen sprengen Haselnüsse in ähnlicher Weise auf, wie wir es mit einem spitzen Messer tun können. Dazu schneiden (oder besser: schaben) wir an der Nußschale mit etwas Mühe die kleine Spitze ab. Dabei kommt ein Spalt zum Vorschein, der offenbar eine von der Natur vorgesehene «Sollbruchstelle» ist, die auch dem Keim hilft, die Nußschale zu sprengen. Wir erweitern ihn, bis sich die Messerspitze bequem hineinstecken läßt. Indem wir das Messer mit sanfter

Gewalt drehen, hebeln wir ein Stück Schale heraus. Danach läßt sich gefahrlos ein größeres Loch in die Nußschale brechen und der Kern herausholen.

Das Eichhörnchen fräst zum gleichen Zweck mit seinen Nagezähnen unter eifrigem Kopfnicken eine lange Kerbe über die Spitze der Nußschale, wobei es die Nuß mit den Vorderpfoten festhält. Es schlägt die unteren Nagezähne als Keil (oder «Brechstange») in die Kerbe und sprengt die Nuß mit einem kräftigen Biß auf, mit etwas Glück in zwei Hälften. Nicht alle Eichhörnchen machen es gleich, sondern wie sie's gelernt haben.

Bei Walnüssen gehen die geschickten Tiere ganz ähnlich vor. Wir fanden zusammenpassende Hälften von Walnußschalen, in die das Eichhörnchen am stumpfen Ende, wo die weichere Trennwand aus dem Innern auch die harten Nußschalen trennt, an der Trennfuge entlang eine deutliche Kerbe gefräst hatte, ehe es die Nuß aufsprengte. Die Schalen lagen in einem Kreis von nur zwei Metern Durchmesser unmittelbar neben dem Nußbaum.

Wir können vom Eichhörnchen lernen, wie man Walnüsse öffnet, ohne den Kern mehr als nötig zu beschädigen. Mit einem flachen spitzen Messer, das wir in die weiche Schicht am stumpfen Ende der Walnuß zwängen, läßt sich die Nuß in zwei Teile spalten, falls die beiden Schalenhälften nicht gar zu fest aneinanderhängen.

Die Zahnmarken von Eichhörnchen an den Nußschalen können kaum mit den Fraßspuren von Mäusen oder Vögeln verwechselt werden. Mäuse haben kein Raubtiergebiß und müssen ein komplettes Loch in die Schale nagen. Vögel hacken die Schale mit dem harten Schnabel auf, was leicht an dem zerklüfteten Rand des Loches zu erkennen ist. Dünnschalige Walnüsse werden von den Eichhörnchen allerdings gelegentlich auch aufgebissen.

Nüsse: Außer den Hasel- und Walnüssen pflegen wir Para-, Peca-, Erd- und Cashewnüsse zu verspeisen, Mandeln nicht zu vergessen. «Nüsse» im biologischen Sinne sind nur die Früchte mit harter Außenschale, zum Beispiel die kleinen Kerne der Erdbeere. Erdnüsse sind aber Hülsenfrüchte wie Erbsen und Bohnen, Paranüsse die Samenkerne der menschenkopfgroßen Sammelfrucht eines bis zu 30 m hohen immergrünen tropischen Baumes, der Bertholletia excelsa, von dem jede Frucht 15 bis 40 solcher Kerne enthält. Sogar die Walnuß ist, biologisch gesehen, keine echte Nuß, vielmehr der Stein einer Steinfrucht wie Pflaume und Kirsche. Ihr Fruchtfleisch umgibt den Stein als grüne Hülle, die später schwärzlich abfault und beim Pflücken der Nüsse die Hände dauerhaft braun färbt. Die Umgangssprache nennt sie alle Nüsse und kümmert sich nicht um die Systematik der Biologen, nach der auch Rosen keine Dornen mehr haben, sondern Stacheln.

Rohe Gewalt: Von einigen Affenarten wird berichtet, daß sie Nüsse aus großer Höhe von den Bäumen werfen dort, wo der Boden hart genug ist – eine Gewaltmethode zum Nüsseknacken, bei der die Kerne kein besseres Schicksal erleiden als die Schalen. Auf weichem Boden lassen sich Nüsse nicht zerschlagen. Auf englischem Rasen haben sogar rohe Eier, die aus einem Flugzeug abgeworfen werden, eine reelle Chance, beim Aufschlag auf den Erdboden heil zu bleiben. Ich erinnere mich, in zwei Aufsätzen des englischen Mathematikers Littlewood mit dem Titel «Adventures in Ballistics» über solche Experimente aus dem Ersten Weltkrieg gelesen zu haben.

Gehen wir der Frage nach, ob die Affen gut beraten sind, Nüsse zum Knacken aus großer Höhe auf den Boden zu werfen! Walnüsse zum Beispiel sind so leicht, daß sie durch die Luftreibung stark gebremst werden. Die Widerstandskraft W der Luft wächst überproportional mit der Geschwindigkeit v der Nuß. Lassen Sie uns annehmen, daß sie quadratisch mit v wächst, der Querschnittsfläche A der Nuß und der Dichte $\rho\,(=1{,}3 \cdot 10^{-3}\,\text{g/cm}^3)$ der Luft proportional ist: $W = cA\rho v^2/2$. Die dimensionslose Widerstandszahl c wird gewöhnlich so definiert, daß der Faktor $1/2$ erscheint; $\rho v^2/2$ ist der «Staudruck» der Luft, der sich an der Vorderseite der Nuß einstellt. Wie auch immer der Affe die Nuß abwirft, nach längerem Flug stellt sich Gleichgewicht zwischen dem antreibenden Gewicht $G = mg$ und dem bremsenden Widerstand W ein (m ist die Masse der Nuß, $g = 10\,\text{m/s}^2$ die Schwerebeschleunigung). Danach fällt die Nuß mit der konstanten «Sinkgeschwindigkeit» $v_0 = \sqrt{2mg/cA\rho}$. Für eine mittelgroße Walnuß ($m = 11\,g$, $A = 10\,\text{cm}^2$) würde sich also etwa $v_0 = 21\,\text{m/s}$ oder $75\,\text{km/h}$ einstellen, wenn man die Widerstandszahl $c = 0{,}4$ schätzt. Die Nuß wäre am Ende nicht schneller, wenn der Affe sie von hoch oben aus dem Baum herunterwerfen würde. Falls die Sinkgeschwindigkeit zu klein ist, die Nuß zu knacken, muß sich der Affe auf den Boden der Tatsachen bemühen und die Nuß entweder mit größerer Heftigkeit zu Boden werfen oder sich eine andere Methode des Nüsseknackens einfallen lassen.

Höhere Primaten, zum Beispiel wilde Schimpansen in Tanganjika, gebrauchen Werkzeuge, wenn die Kraft der Hände oder Zähne nicht ausreicht. Offenbar haben sie die Erfahrung gemacht, daß ein harter Schlagstein zum Nüsseknacken nicht genügt, sondern die Nuß gleichzeitig auf einem harten Amboßstein liegen muß. Nachdenklich muß uns stimmen, daß vergleichbare Werkzeuge, nämlich Amboß und Nußhammer, bis zum heutigen Tage in den Nußindustrien des französischen Périgord und in Chile das professionelle Werkzeug beim industriellen Entkernen der Walnüsse sind, ein Anachronismus des Technik-Zeitalters. Erfahrungsgemäß erzielen geübte Arbeiterinnen in Handarbeit eine größere Ausbeute an heilen Walnußhälften als alle bekannten maschinellen Techniken.

Nußknacker: Das häusliche Nüsseknacken wird von etwas fortschrittlicheren Werkzeugen beherrscht. Am bekanntesten ist bei uns der buntbemalte hölzerne Nußbeißer, dem das Maul bis zum Bauch reicht. Es gibt ihn wohl schon seit dem 16. Jahrhundert. Im

Erzgebirge und neuerdings auch in Taiwan wird er noch hergestellt. Sein Kopf ist übergroß, und die Körperproportionen sind grotesk, sie entsprechen im Oberkörper einem Kleinkind, im Unterkörper einem Erwachsenen. Mit seinem großen Maul wurde er zum Menschenfresser und Kinderschreck und avancierte schon in der napoleonischen Zeit zur Symbolfigur der politischen Satire. E.T.A. Hoffmanns Märchen vom «Nußknacker und Mäusekönig» (1816) entstammt der gleichen Zeit.

Technisch ist der erzgebirgische Nußknacker eine Hebelpresse mit langem Kraftarm ℓ und kurzem Lastarm x in bezug auf den Drehpunkt A. Nach dem Hebelgesetz («Kraft mal Kraftarm gleich Last mal Lastarm») verstärkt sich die von der Hand ausgeübte Kraft F zur Kraft $P = F\ell/x$ auf die Nuß. Mein großer Nußknacker hat einen Handhebel von ungefähr $\ell = 15$ cm Länge, und die Mitte der Nuß ist etwa $x = 3$ cm vom Hebeldrehpunkt entfernt (zum Festhalten der Nuß ist in die Zunge eine kleine Vertiefung eingelassen). Also wird die Kraft der Hand um den Faktor $\ell/x = 5$ verstärkt. Eine Walnuß bricht nach unseren Versuchen auf der Prüfmaschine im Mittel bei $P = 300$ N (Newton), eine Haselnuß bei Kräften um $P = 500$ N. Um eine durchschnittlich harte Nuß zu knacken, muß man daher bei diesem Nußknacker-Typ mit verhältnismäßig großen Kräften $F = 60$ N bzw. $F = 100$ N drücken, die dem Gewicht von 6 oder 10 Kilogramm entsprechen. Dieser Mann ist also nicht der ideale Helfer beim Nüsseknacken. Es gibt aber ein ganzes Arsenal von Zangen und Pressen, mit denen man die Nüsse leichter knackt.

Nußknacker-Variationen

«Eine harte Nuß knacken» ist das sprichwörtliche Synonym für «ein schwieriges Problem lösen». Lösen unsere Nußknacker das Problem, den begehrten Kern unversehrt aus der Schale zu bergen?

«Der muß keine Nüsse knacken, der hohle Zähne hat», sagt ein Sprichwort. Es muß also früher üblich gewesen sein, Nüsse aufzubeißen. Die Autorin eines Hamburger Ausstellungskatalogs über erzgebirgische Nußknacker vermutete, daß in anderen Ländern Nüsse noch heute traditionell mit

den Zähnen geknackt werden und schloß daraus allen Ernstes, daß «bei den vielen ausländischen Mitbürgern in Hamburg sich dies bei dem einen oder anderen Gebiß als Beschädigung nachweisen lassen müßte». Ihre Umfrage bei den Zahnärzten der Region war aber ergebnislos: keine «Zahnschäden durch Nußbiß» in der Praxis.

Walnüsse lassen sich wenigstens paarweise in der Hand zerdrücken, eine Methode, die bei den härteren Haselnüssen versagt. Bei diesem Verfahren, Nüsse zu knacken, bleibt in der Regel die eine Nuß heil, nur die andere wird zerquetscht, wie man das von den hartgekochten, buntgefärbten Ostereiern weiß, mit denen bei uns zu Hause am Ostermorgen heiße Duelle ausgetragen werden. Wenn alle primitiven Methoden des Nußknackens versagen, braucht der Mensch Werkzeuge. Am gebräuchlichsten sind die

Nußknacker-Zangen: Wie die meisten Zangen bestehen sie aus zwei gelenkig verbundenen einarmigen Hebeln, einarmig deswegen, weil der Kraftarm (Länge: ℓ) für die Hand und der Lastarm (Länge: x) an der Nuß auf derselben Seite des Drehpunkts liegen. Seit meiner Kindheit kenne ich den «Wende-Nußknacker» (Nr. 1). Er hat für Walnüsse eine breite und, gewendet, für Haselnüsse eine schmale Nische, die näher am Drehpunkt liegt.

Nach dem Hebelgesetz ist die Kraft P an der Nuß um den Faktor ℓ/x größer als die Kraft F, die man am Handgriff aufbringen muß. Mit $\ell = 14$ cm und $x = 3,5$ cm für die großen bzw. $x = 1,5$ cm für die kleinen Nüsse ist die Verstärkung für die härteren Haselnüsse viel größer ($\ell/x = 9$) als für Walnüsse ($\ell/x = 4$) und gleicht den Härteunterschied aus. Ein wichtiges Konstruktionsmerkmal ist das stählerne Hemmblättchen zwischen den beiden Gelenken als Anschlag für die Zangenhebel, das sowohl das Zerquetschen der Nüsse als auch Quetschungen der Hände verhindert. Der weitverbreitete «Zweifach-Nußknacker» (Nr. 2) hat ähnliche Eigenschaften, aber keinen quetschsicheren Anschlag. Hat er gar Längsrillen anstelle der Zähnung, läßt sich mit ihm keine Mandel oder Paranuß hochkant knacken.

Besonders gut brauchbar finde ich eine neuere Konstruktion, den «Becher-Nußknacker» (Nr. 3), in dessen geteilten, mit einem Scharnier am äußersten Ende versehenen Becher die Nüsse je nach Größe verschieden tief hineinfallen. Der Becher wird durch eine Druckfeder um nicht mehr als 10 Grad geöffnet. Beim Knacken der Nuß läßt sich deshalb die Nußschale, nicht mehr als nötig, nur wenige Millimeter eindrücken. Deckt man den Becher mit der Hand ab, um zu verhindern, daß Nußschalen durch die Gegend springen, verringert eine Abschrägung der inneren Backen des Bechers die Quetschgefahr für die aufgelegte Hand.

Eine lustige Designervariante ist der «Männlein-Knacker» (Nr. 4). Aus leichtem Aluminium bestehend, ist er handlich und bewährt sich bei Walnüssen, deren Schale man vorsichtig in viele kleine Trümmer zerlegt, wenn man eine große Ausbeute an heilen Walnußkernhälften oder ausnahmsweise ganze Walnußkerne gewinnen möchte. Seine stumpfen Zähne können glatte, runde Nüsse, zum Beispiel Pecanüsse, nur schwer festhalten, die aber in ganzer Länge nicht in die Öffnung zwischen die beiden Backen passen. Wenn er erst einmal gefaßt hat, knackt er mit Leichtigkeit auch Haselnüsse.

Eine meiner Favoritinnen unter den Nußknacker-Zangen ist ein Werkzeug, das gar nicht für diese Aufgabe vorgesehen ist: die Rohrzange (Nr. 5). Das Bild zeigt eine besonders einfache Form. So wie sie Rohre unterschiedlichsten Durchmessers fest in den Griff bekommt, paßt sich die Rohrzange den unterschiedlichen Größen von Nüssen an. Ein Vorteil sind ihre langen Handgriffe, die die Kraft der Hand erheblich verstärken und durch den langen Weg der Hand die Kraft auf die Nuß kontrollierbar machen. Leider sind Rohrzangen zum Nüsseknacken schwer und unhandlich.

Pressen zum Nüsseknacken: Größere Kraft als mit Zangen läßt sich mit Hebelpressen und Schraubenpressen erreichen. Eine doppelte Hebelpresse (Nr. 6) vom Anfang dieses Jahrhunderts schickte mir Adolf Heidenreich aus seiner Sammlung historischer und kunstvoll gestalteter Nußknacker. In der Nachbarschaft der Lage, in der die drei Gelenke A, B und D in einer Geraden liegen (sonst wird's zu kompliziert), folgt aus dem Hebelgesetz:

$$\frac{P}{F} = \frac{b}{x} \cdot \frac{r}{a}.$$

Der Abstand x ist von der Größe der Nuß abhängig, aber das Längenverhältnis a/b hängt von der Konstruktion ab. Je kleiner es ist, desto leichter wird das Nüsseknacken, desto länger aber auch der Weg des Handhebels. Am Original aus der Heidenreichschen Sammlung mißt man $a = 2{,}8$ cm, $b = 10$ cm, $r = 16$ cm, während x, wie man an der Zähnung der Hebel erkennt, etwa zwischen 2 cm und 6 cm liegen kann. Das Verstärkungsverhältnis P/F liegt daher rechnerisch etwa zwischen 9 für große und 29 für kleine Nüsse.

Am wirkungsvollsten als Nußknacker, aber auch am langsamsten im Gebrauch, sind Schraubenpressen. Als Holzschrauben (Nr. 7) findet man sie auf den Weihnachtsmärkten. Das Holz darf nicht zu weich sein, weil die großen Kräfte in Achsenrichtung leicht das Gewinde zerstören. Stabilere Schraubennußknacker bestehen daher aus Metall. Die Schraube hebt oder senkt sich bei einer vollen Umdrehung von 2π im Bogenmaß (oder 360 Grad) um die Höhe h, die Ganghöhe. Zum Drehen der Schraube übe die Hand am Handgriff vom Radius R durch zwei entgegengesetzt gleiche Kräfte F das Drehmoment $M = 2RF$ aus. Vernachlässigt man die Reibung in den Gewindegängen (gut schmieren!), ist die Arbeit $2\pi M$ des Drehmoments bei einer vollen Umdrehung gleich der Arbeit der axialen Kraft an der Nuß bei der Verschiebung der Schraube um die Ganghöhe. Daraus folgt

$$\frac{P}{F} = \frac{4\pi R}{h}.$$

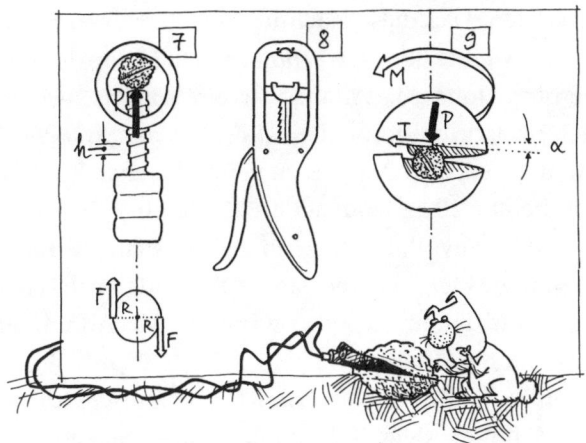

Bei einer der üblichen Holzschrauben mißt man zum Beispiel $R = 1{,}2$ cm und $h = 0{,}5$ cm, was den Faktor $P/F = 30$ liefert. Ein Metallschraubennußknacker kommt leicht auf den Faktor 300. Den Vorteil bekommt man nicht geschenkt, die Erleichterung wird durch langdauerndes Schrauben erkauft.

Am Schrauben-Nußknacker läßt sich ein Phänomen beobachten, das auch für Schrauben als Befestigungselemente typisch ist. Warum läßt sich eine Schraube zwar hineindrehen, aber warum läßt sie sich nicht herausziehen? Verantwortlich dafür ist ein Selbstsperrungsmechanismus, der schon bei geringer Reibung im Gewinde wirksam wird, wenn die Steigung der Schraube klein genug ist.

Der «Crackerjack» (Nr. 8): Er ist eigentlich eine Nußknackerpresse, aber in Zangenform. Ich zitiere aus dem Katalog des Versandhauses von Liebhabergeräten, ManuFACTUM:

«Gegen echte Härtefälle und makadamisierte Nüsse: Nachrüstung! Seit Jahren sind auf diesen Seiten die Geräte versammelt, die wir gegen die Tücke des Objekts im allgemeinen und die der getränkeabfüllenden und nüssezüchtenden Gewerbe im besonderen aufzubieten haben. Nun hat die Gegenseite die Feindseligkeiten abermals verschärft, indem sie mit der Makadamia eine Nuß auf den Markt warf, an deren banktresor-ähnlicher Widerständigkeit sowohl die Nußknacker als auch die Nerven der zum Kauf verführten Opfer zuschanden werden. Daß diese Züchtung nicht frei von Bosheit ist, erkennt der Eingeweihte übrigens schon an dem Hohn, der sich in ihrem Namen verbirgt. John MacAdam war ein schottischer Wegebauinspektor des 18. Jahrhunderts, dem die Welt die Straßenbefestigung mittels Schotter, Teer und Asphalt zu verdanken hat. Etwas zu ‹makadamisieren› heißt seither, es quasi unzerstörbar zu machen, was bei Straßen ja wohl sinnvoll, bei Nüssen aber boshaft ist. Indes: Wo die Heimtücke am größten, da wächst das Rettende auch. Hier heißt es ‹Crackerjack› und kommt, ebenso wie John MacAdam, aus Schottland.» Danke für das Zitat.

Der empfindlichste Teil des Zahnstangenantriebs, die Kupplung, verbirgt sich hinter dem Edelstahlgehäuse. Solange die Zange nicht betätigt wird, ist die Zahnstange frei und läßt sich in ihrer Führung (gegen den Reibungswiderstand) in beide Richtungen bewegen und so in Grenzen den unterschiedlichen Größen von Nüssen anpassen. Zieht man den Zangenhebel an, wird er durch die bewegliche Kupplung in die Zahnstange eingekuppelt und schiebt sie ein kleines Stück vorwärts. Bei erneuter Freigabe des Zangenhebels zum Nachfassen löst eine Zugfeder die Kupplung wieder, und so fort.

Im eingekuppelten Zustand bewegt sich die Zahnstange um ganze 3,3 mm, während der gleichzeitige Weg des Angriffspunkts der Kraft am Zangenhebel etwa 3,5 cm beträgt. Das entspricht einem Untersetzungsverhältnis von 10 zu 1. Also ist der «Crackerjack» doch nicht so kräftig, wie die Verfasser des Katalogs in ihrer Begeisterung behaupten. Er ist gut für Haselnüsse und für mäßig große Walnüsse, die in sein «Maul» passen. Die Kraft läßt sich gut kontrollieren, die Ausbeute an heilen Walnußhälften ist daher beachtlich. Sogar Mandeln lassen sich trotz ihrer dicken Schale bequem mit ihm spalten. Leider muß man dabei aufpassen, daß man sich nicht die Finger quetscht, wie ich aus eigener Erfahrung weiß. Da beim Lösen der Kupplung zum Nachfassen keine Sperre verhindert, daß die Zahnstange zurückgeschoben werden kann, lassen sich mit dem «Crackerjack» keine elastischen Nüsse knacken, deren Schale mehr als 3 mm nachgibt, ehe sie bricht. Für Zyniker sei angemerkt: Der «Crackerjack» ist daher auch nicht als Daumenschraube geeignet.

Die Nußknacker-Kugel (Nr. 9): Dieses formschöne Designer-Objekt aus hartem Holz eignet sich für Nüsse der Größe und der Härte einer Walnuß. Der Nußknacker besteht aus zwei spiegelgleichen Hälften, die sich gegeneinander um die zentrale Achse senkrecht zur Spiegelebene drehen lassen. Zwischen den beiden Hälften läuft rund um den Äquator ein keilförmiger Zwischenraum, in dem in einer Nische die Nuß liegt. Beim Drehen in passender Richtung verengt sich der Keil, und die Nuß wird, nach dem Wunsch des Erfinders, durch Keilwirkung zerdrückt.

Nach den Angaben auf einem mitgelieferten Prospekt soll der Benutzer in der Lage sein, die beiden Hälften mit einem Drehmoment $M = 5$ Nm (Newtonmeter) gegeneinander zu drehen und dabei auf die Nuß die Druckkraft $P = 2500$ N (Newton) – eine Vierteltonne! – auszuüben. Beide Zahlen sind gewaltig übertrieben. Mit diesem schönen Gerät, das sich angenehm anfaßt, läßt sich mit etwas Mühe eine Walnuß knacken, die ungefähr bei 300 N ihren Widerstand aufgibt.

Erstens kann der Benutzer kein so großes Drehmoment M erzeugen, da Kräfte von der Hand nur durch die Haftung an der Oberfläche der polierten Holzkugel übertragen werden. Zweitens haben die Verfasser des Prospekts bei der Abschätzung der Druckkraft P die gleichzeitig mit ihr entstehende Gleitreibungskraft T zwischen der bewegten Hälfte des Nußknackers und der Nuß vergessen. T ist zwar wesentlich kleiner als P, aber sie trägt bei kleinem Keilwinkel nahezu voll zum Drehmoment M bei, während die Druckkraft P nur einen kleinen Beitrag zu M (proportional zum Sinus des halben Keilwinkels) leistet.

Nun zur Frage: Welche Kraft P übt der Nußknacker auf die Nuß aus, wenn seine beiden Hälften mit dem Drehmoment M gegeneinander gedreht werden? Durch die Verengung des Keils wächst die Druckkraft P auf die Nuß. Sie weckt die Gleitreibungskraft T, die beim Kontakt trockener, fester Oberflächen proportional zur Druckkraft angenommen wird: $T = \mu P$. Der Gleitreibungskoeffizient μ ist eine von der Beschaffenheit der Oberflächen abhängige Zahl, die bei glatten Holzoberflächen einen Wert etwa zwischen 0,1 und 0,2 annimmt. Die genaue Zahl müßte man experimentell ermitteln.

In die Figur eingezeichnet sind die Kräfte P und T, die der linke, bewegte Teil des Nußknackers senkrecht bzw. parallel zur Wand auf die im rechten Teil ruhende Nuß ausübt; α ist der halbe Öffnungswinkel des Keils. Das Drehmoment beider Kräfte ist dem Drehmoment M gleich, das die Hände aufbringen.

Greifen die Kräfte an der Nuß im Abstand b von der Drehachse an, gilt $M = b(P\sin\alpha + T\cos\alpha)$. Für die Nußknacker-Kugel ist $\alpha = 0{,}07$ im Bogenmaß (oder 4,1 Grad). Dafür gilt sehr genau $\cos\alpha = 1{,}00$ und $\sin\alpha = \alpha$ (im Bogenmaß). Der Nußknacker drückt daher auf die Nuß mit der Kraft

$$P = \frac{M}{b(\alpha + \mu)}.$$

Setzen wir $b = 4$ cm ein und nehmen an, daß der Benutzer des Nußknackers das Moment $M = 2$ Nm aufbringen könne, errechnet sich bei nicht zu großer Reibung ($\mu = 0{,}1$) die Kraft $P = 294$ N. Sie reicht, wie schon gesagt, gerade aus, eine durchschnittlich harte Walnuß zu knacken.

Der Stand der Technik: Die Aufgabe eines Nußknackers ist es, aus der harten Schale der Nuß den Kern möglichst unversehrt zu bergen. Für die Schalen gibt es keine Verwendung, wenn man von Spielereien und kunstgewerblichen Artikeln absieht. Man darf sie daher ad libitum zertrümmern, und man tut das (zum Beispiel bei Walnüssen) vorsichtig, um eine große Ausbeute an unbeschädigten Kernen zu gewinnen.

Alle bekannten Nußknacker zerdrücken die Nußschale nach innen, was sicher nicht vernünftig ist, weil der begehrte Kern in Gefahr kommt. Da hat selbst das Eichhörnchen, das Haselnüsse und Walnüsse aufsprengt, indem es die Zähne des Unterkiefers als Keil benutzt, eine überlegene Technik. Die besseren der bekannten Nußknacker verstärken die Kraft der Hand so weit, daß die Kraft auf die Nuß vorsichtig dosiert werden kann. Wenn man die kontrollierte Zertrümmerung der Schale als Lösung der Aufgabe ansieht, verdienen einige Nußknacker das Prädikat «zufriedenstellend». Andernfalls kommt man zu dem Ergebnis: Der Nußknacker muß noch erfunden werden.

Wellen im Verkehr

Läßt sich die Staugefahr durch Verkehrsleitsysteme bannen? Der Individualverkehr auf Straßen kann durch einzelne Verkehrsteilnehmer zum Erliegen kommen. Rechtzeitige Vorhersagen sind Utopie.

Verdichtungen und Verdünnungen des Verkehrs auf langen Straßen wandern als Wellen durch die Fahrzeugschlange, und zwar stromauf, entgegen der Fahrtrichtung. Bei dichtem Verkehr lassen sich sogar mitten in der Stadt Verkehrswellen beobachten. Wenn eine Verkehrsampel auf «Rot» schaltet, läuft eine Stauwelle zurück in die Fahrzeugschlange und verdichtet den Verkehr bis zum Stillstand. Wenn die Ampel wieder «Grün» wird, läuft eine Anfahrwelle von der Ampel in die aufgestaute Fahrzeugschlange und setzt sie, Fahrzeug für Fahrzeug, in Bewegung. Während die Anfahrwelle eine harmlose Verdünnungswelle ist, die auseinanderläuft, steilen sich Verdichtungswellen zu Stoßwellen auf. Bei hohen Geschwindigkeiten können sie zur gefährlichen Falle für den Autofahrer werden. Unerwartet wird sein Fahrzeug vom Schwanzende eines Verkehrsstaus erfaßt, der auf ihn zu wächst. Falls sein Abstand zum vorausfahrenden Fahrzeug nicht ausreicht, kommt es zum Auffahrunfall. Das Verhängnis, dessen Ursache in einer weit vorausliegenden Verdichtung des Verkehrs liegt, ist für den Verkehrsteilnehmer nicht vorhersehbar.

Sicherheitsabstand: Wer sein Fahrzeug auf eine öffentliche Straße lenkt, ist nicht mehr frei, sondern muß seine Fahrgeschwindigkeit nach dem vorausfahrenden Verkehr richten. Als ich meinen Führerschein machte, hatte jeder Schüler der Fahrschule die folgende Abstandsregel zu lernen:

$$\text{Sicherheitsabstand} = \frac{\text{Geschwindigkeit}}{10} + \frac{\text{Geschwindigkeit zum Quadrat}}{100}.$$

In die Formel war die Fahrgeschwindigkeit in Kilometern pro Stunde einzusetzen, damit sich der nötige Sicherheitsabstand in Metern ergab. Die für Hans Jedermann nicht leicht faßbare und in kritischen Momenten schwer auswertbare Gleichung liefert den «absolut sicheren» Abstand oder Anhalteweg, der selbst dann ausreichen würde, einen Auffahrunfall zu vermeiden, wenn das vorausfahrende Fahrzeug augenblicklich zum Stillstand käme. Heute lernen die Fahrschüler, einen nur «relativ sicheren» Abstand einzuhalten, auf den ich gleich zurückkomme.

Studieren wir zunächst den physikalischen Hintergrund der Fahrschulregel und die Bedeutung der Zahlen 10 und 100. Wenn ein plötzliches Ereignis den Fahrer eines Fahrzeugs zum Bremsen zwingt, vergeht zuerst die Reaktionszeit t_R, ehe er auf die Bremse tritt. Die Reaktionszeit hat einen kognitiven Anteil (die «Schrecksekunde») und einen mechanischen Anteil (die Zeit, die nach der Schrecksekunde vergeht, bis der Fuß in Bremsbereitschaft ist). Während der Reaktionszeit setzt das Fahrzeug seinen Weg mit unverminderter Geschwindigkeit v fort, das heißt der Reaktionsweg ist $x_R = v t_R$.

Auf dem anschließenden Bremsweg x_B wird die Bewegungsenergie $Mv^2/2$ des Fahrzeugs (M Masse, v Geschwindigkeit des Fahrzeugs vor Beginn der Bremsung) in den Bremsen «verheizt». Bei konstanter Bremsverzögerung b, die angenommen wird, ist die Reibungsarbeit der Bremsen Mbx_B. Wird alle Bewegungsenergie beim Bremsen aufgebraucht, folgt $x_B = v^2/2b$. Reaktionsweg und Bremsweg rechnen sich zusammen zum Anhalteweg

$$x_A = v t_R + \frac{v^2}{2b}.$$

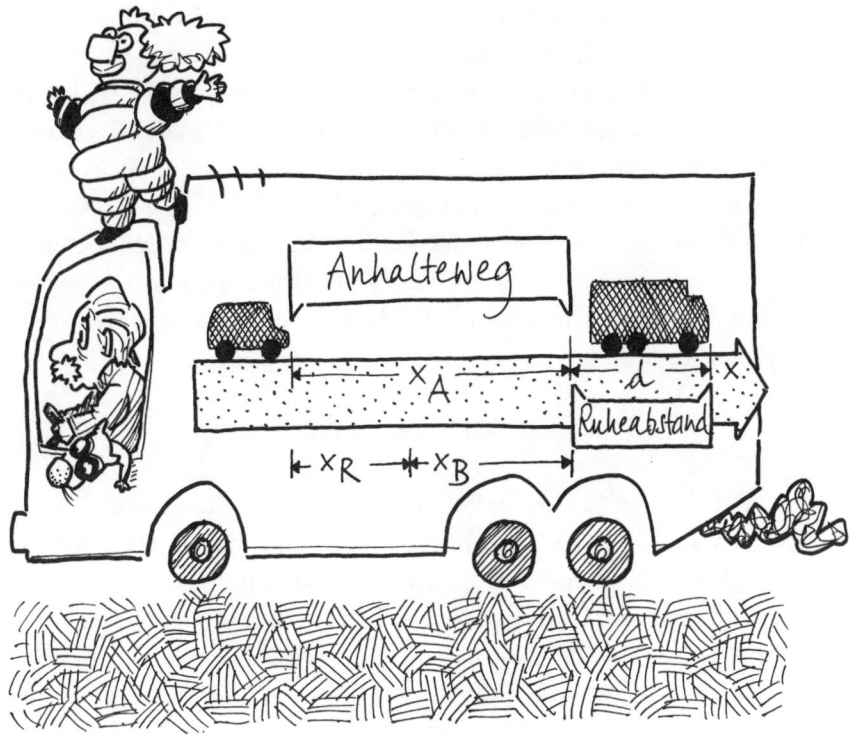

Das ist nichts anderes als die eingangs in Worten formulierte Abstandsregel in physikalischer Schreibweise. Durch Vergleich der Koeffizienten findet man, daß die beiden Zahlen 1/10 und 1/100 eine für den durchschnittlichen Autofahrer zu kurze Reaktionszeit von knapp 0,4 s (Sekunden) und eine Bremsverzögerung von 3,9 m/s² (Meter durch Sekunden zum Quadrat) bedeuten. Wir rechnen im folgenden mit den Werten $t_R = 0{,}8$ s und $b = 4{,}0$ m/s² (dem gesetzlich vorgeschriebenen Mindestwert der Bremsverzögerung). Damit ergibt sich zum Beispiel bei $v = 100$ km/h der Anhalteweg $x_A = 118{,}7$ m.

«Halber Tacho-Abstand»: Verkehrswissenschaftler glauben nicht an die «vom Himmel fallende, auf einer Autobahn grasende Betonkuh». In der Praxis gibt man sich mit einem «relativ sicheren» Fahrzeugabstand zufrieden. Er stellt als mildernden Umstand in Rechnung, daß auch das vorausfahrende Fahrzeug in der Regel erst bremsen muß, ehe es zum Stillstand kommt. Der empfohlene

Abstand x_S (in Metern) ist gleich der halben Fahrgeschwindigkeit v (in Kilometern pro Stunde) – im Jargon «halber Tacho-Abstand». Die entsprechende Formel lautet $x_S = vt_s$ mit $t_s = 1{,}8$ Sekunden. Der «halbe Tacho-Abstand» ist also die Strecke, die das Fahrzeug bei der Geschwindigkeit v in 1,8 Sekunden zurücklegen würde, mit anderen Worten: der Reaktionsweg eines Fahrers mit «langer Leitung». Das Risiko eines im Wege liegenden Hindernisses ist damit nicht abgedeckt. Nur bei ganz kleinen Geschwindigkeiten ist der relativ sichere geringfügig größer als der absolut sichere Abstand. Bei hohen Geschwindigkeiten ist das Defizit

$$x_S - x_A = v \left(t_S - t_R - \frac{v}{2b} \right)$$

beträchtlich. Bei 140 km/h beträgt es (mit den Parametern $t_s = 1{,}8$ s, $t_R = 0{,}8$ s und $b = 4$ m/s² gerechnet) schon 150 Meter. Die Relativierung der Sicherheitsansprüche zeigt, daß die Behörden und die Automobilindustrie andere Interessen am Verkehr verfolgen als der Verkehrsteilnehmer. Während den Institutionen daran gelegen sein muß, möglichst viel Verkehr relativ sicher durch möglichst wenige Verkehrswege zu leiten, möchte der einzelne nur möglichst rasch und absolut sicher ans Ziel kommen.

Fluß, Dichte und Fahrgeschwindigkeit: Stellen Sie sich vor, Sie überflögen die Autobahn mit einem Hubschrauber, machten eine Momentaufnahme des Verkehrs und zählten die Fahrzeuge in einer Fahrtrichtung auf einer vorher ausgemessenen Strecke. Die Zahl der Fahrzeuge zu fester Zeit t, geteilt durch die Länge der Strecke, ist die Verkehrsdichte $k(x, t)$ im Zentrum x der Strecke. Nun stellen Sie sich auf eine Brücke, die die Autobahn am Ort x überquert, und zählen eine Zeitlang die durchfahrenden Fahrzeuge. Ihre Anzahl, geteilt durch die Dauer der Zählung, ist der Verkehrsfluß $q(x, t)$. In der Praxis muß die Messung wegen der Schwankungen sorgfältiger begründet werden. Dichte und Fluß sind gewisse Mittelwerte, die um so weniger von der Länge der Meßstrecke bzw. der Dauer der Zählung abhängen, je gleichmäßiger der Verkehr ist.

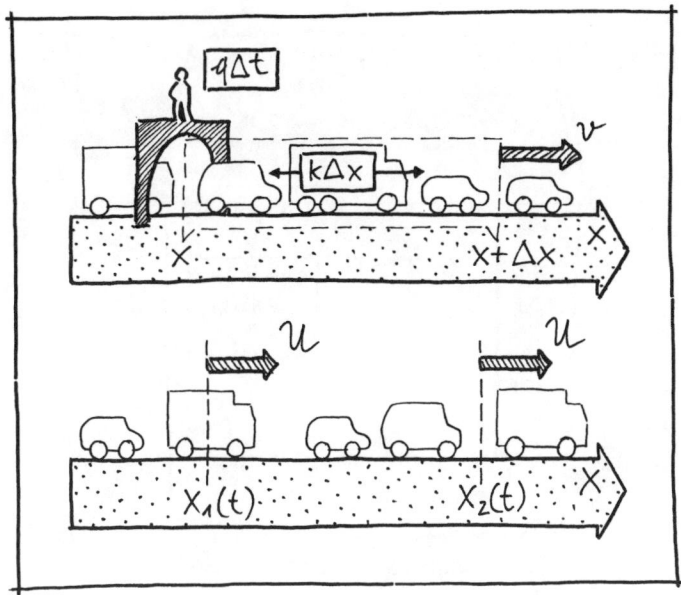

In der Zeit Δt schiebt sich der Fahrzeugstrom mit der mittleren Geschwindigkeit v um die Strecke $\Delta x = v\Delta t$ an der Brücke vorbei. Da der Beobachter die Anzahl $q\Delta t = k\Delta x$ Fahrzeuge gezählt hat, sind Fluß, Dichte und Geschwindigkeit durch die Relation $v = q/k$ verknüpft.

Das Flußgesetz: Die Verkehrsdichte ist zum mittleren Fahrzeugabstand (gemessen von vorderer Stoßstange zu vorderer Stoßstange) reziprok. Wenn vorausgesetzt wird, daß alle Verkehrsteilnehmer ihren aus der Fahrschulregel folgenden Sicherheitsabstand streng einhalten, stellt die Gleichung $1/k = x_A + d = d + vt_R + \dfrac{v^2}{2b}$ einen Zusammenhang zwischen Fluß und Dichte her, der den Verkehrsstrom regiert. Darin bedeutet d den Ruhe- oder Stauabstand, der etwas größer als die Fahrzeuglänge ist. Ersetzt man v durch q/k und löst die quadratische Gleichung nach q auf, ergibt sich für $q = Q(k)$ ein etwas komplizierter mathematischer Ausdruck, der in einer Grafik für die typischen Parameterwerte $t_R = 0{,}8$ s, $b = 4$ m/s^2 und $d = 7$ m aufgezeichnet ist.

Es wäre die Logik von Christian Morgensterns «Palmström», wollte man sich darauf verlassen, daß sich alle Verkehrsteilnehmer an

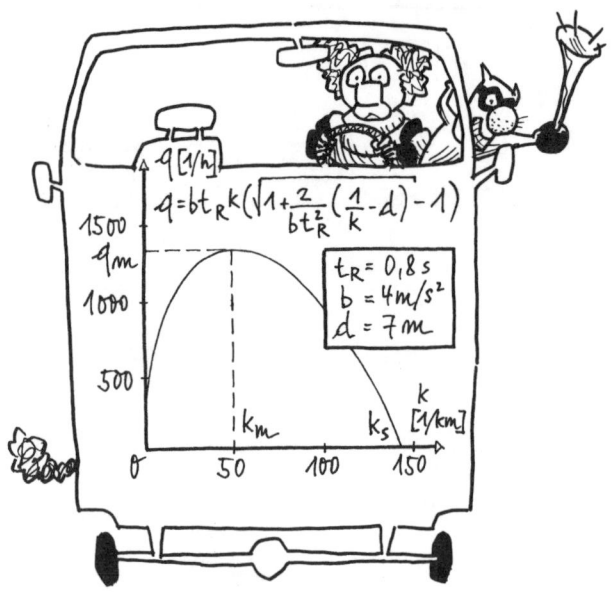

die Polizeivorschrift halten. Empirische Erhebungen über das Fahrverhalten belegen aber, daß es bei geringen Verkehrsdichten zu jeder Dichte k genau einen Fluß q gibt, und zwar bis zu einem Maximum q_m des Flusses bei der Dichte k_m, das schon bei verhältnismäßig geringer Fahrgeschwindigkeit $v_m = q_m / k_m$ erreicht wird. Für größere Verkehrsdichten läßt sich ein Funktionszusammenhang zwischen Dichte und Fluß nicht empirisch belegen, das heißt, die Verkehrsteilnehmer reagieren unterschiedlich auf die Situationen. Unbestritten bleibt aber, daß der Verkehrsfluß bei weiter wachsender Dichte abnimmt, bis er bei der Staudichte k_s wieder null wird. Der folgenden Verkehrsspielerei wird deshalb ein ähnlicher Funktionszusammenhang $q = Q(k)$ zugrunde gelegt, wie die Grafik zeigt, jedoch mit empirischen Werten der Parameter k_m und q_m.

Verkehrsvorhersage: Um voraussagen zu können, wie sich eine Verkehrssituation weiterentwickelt, ob zum Beispiel eine in Fahrtrichtung beobachtete Verdichtung des Fahrzeugstroms zum Stau wird, muß man wissen, wie sich Änderungen des Verkehrsflusses entlang der Straße fortpflanzen. Der Verkehrsstrom werde zwischen zwei Kontrollstellen x_1 und x_2 beobachtet. In einer Störung

(Verdichtung oder Verdünnung) des gleichmäßigen Verkehrs sind die Flüsse und daher auch die Dichten an den beiden Kontrollpunkten voneinander verschieden, $q_1 \neq q_2$ und $k_1 \neq k_2$. Wenn ein Kontrollpunkt mit der Geschwindigkeit U in Fahrtrichtung bewegt wird, verringert sich der passierende Fluß q um Uk. Also läßt sich die Kontrollstrecke x_1, x_2 mit einer solchen Geschwindigkeit U bewegen, daß die Anzahl der Fahrzeuge, die in der Zeiteinheit bei x_1 einfahren, ebenso groß wie die Zahl der Fahrzeuge ist, die die Strecke bei x_2 verlassen: $q_1 - Uk_1 = q_2 - Uk_2$. Auf einer mit der Geschwindigkeit

$$U = \frac{q_2 - q_1}{k_2 - k_1}$$

bewegten Kontrollstrecke befindet sich daher zu allen Zeiten dieselbe Zahl von Fahrzeugen. Wenn die Kontrollstrecke keine Unstetigkeit der Dichte und des Flusses (keine Stoßwelle, s. u.!) einschließt, geht U bei unbegrenzter Annäherung von x_2 an x_1 in die örtliche Ausbreitungsgeschwindigkeit $c = dq/dk$ von Wellenfronten (oder Charakteristiken) im Verkehr über. So heißen die Linien, auf denen sich Zustände konstanter Verkehrsdichte k ausbreiten. Den «Differentialquotienten» dq/dk findet man im Flußgesetz $q = Q(k)$ als Richtung der Tangente an die Kurve. In der Wellentheorie des Verkehrs kommt es auch zu «Stoßwellen» (sprunghaften Änderungen $k_2 - k_1$ der Dichte und $q_2 - q_1$ des Flusses). Ihre Geschwindigkeit U erscheint im Diagramm als die Neigung $(q_2 - q_1)/(k_2 - k_1)$ der Sekante, die die Zustände k_1, q_1 und k_2, q_2 auf beiden Ufern der Unstetigkeit verbindet.

Wellenfahrplan: Damit die Leser Verkehrsentwicklungen ohne schwer durchschaubare Computer-Simulationen qualitativ verstehen können, möchte ich hier ein einfaches grafisches Verfahren der Verkehrsvorhersage vorstellen. Spiegelt man das Flußgesetz so, daß q die Abszisse und k die Ordinate wird, kann man die Tangenten dk/dq im Zustandspunkt k, q durch bloße Parallelverschiebung als Richtung dt/dx der Wellenfronten in den Punkt x, t des Wellenfahrplans übertragen. Dieser ist eine Art Landkarte, in der sich die Straße x nach rechts und die Zeit t nach oben erstrecken. Da auf ihnen die Dichte k konstant ist, sind die Wellenfronten die Höhenlinien der

Landkarte. Auch die Fahrzeuggeschwindigkeit $v = q/k$ läßt sich aus dem Diagramm entnehmen, genauer ihr Kehrwert, der im Flußgesetz die Richtung k/q der Sekante vom Ursprung zum jeweiligen Zustandspunkt k, q ist. Damit haben wir alle Hilfsmittel für ein Verfahren zur Verkehrsvorhersage bereitgestellt.

Im Flußgesetz $q = Q(k)$ ist die Steigung der Sekanten q/k (die Fahrzeuggeschwindigkeit v) überall größer als die Steigung der Tangenten dq/dk (die Wellenausbreitungsgeschwindigkeit c), vorausgesetzt, die Kurve wölbt sich wie in der Zeichnung zu wachsenden q hin. Das bedeutet, daß die Fahrzeuge die Wellen überholen (ähnlich wie ein Überschallflugzeug den Schall), mit anderen Worten: Wellen im Verkehr laufen dem Fahrzeugstrom entgegen, was in der Einleitung behauptet wurde.

Der «Stau aus heiterem Himmel»: Ein Beispiel muß genügen, die Theorie zu illustrieren. Als Autofahrer erlebt man auf der Autobahn plötzliche Verdichtungen des Verkehrs, die zum raschen Bremsen zwingen. Es bildet sich ein Stau, der nach einer Strecke von wenigen Kilometern ohne erkennbaren Grund allmählich wieder in normalen Verkehr übergeht. Auf einer einspurigen Straße kann ein solcher Stau durch das Bremsmanöver eines einzigen Fahrzeugs verursacht sein. Aber der Täter sucht das Weite, und die Opfer im Stau werden es nie ergründen.

Für die grafische Konstruktion des Verkehrs wird das Flußgesetz mit q nach rechts und k nach oben aufgetragen. Der Maßstab in q-Richtung muß gestaucht werden, damit im Wellenfahrplan die Wellenfronten nicht zu flach verlaufen. Bis zur Zeit $t = 0$ fließe der Verkehr gleichmäßig bei der Dichte k_1 und dem Fluß q_1 mit der mittleren Fahrzeuggeschwindigkeit $v_1 = q_1/k_1$. Ein Autofahrer, der willkürlich bremst und die Geschwindigkeit seines Fahrzeugs auf v_2 verringert, ist die Ursache des Staus. Der Verkehrsfluß hinter ihm verringert sich auf q_2, eine Stoßwelle läuft mit der Geschwindigkeit

$$U = -\frac{q_1 - q_2}{k_2 - k_1}$$

stromauf und verdichtet den Verkehr auf k_2. Berücksichtigt man, daß die Bremsung des Fahrzeugs von v_1 auf v_2 endliche Zeit braucht, entsteht

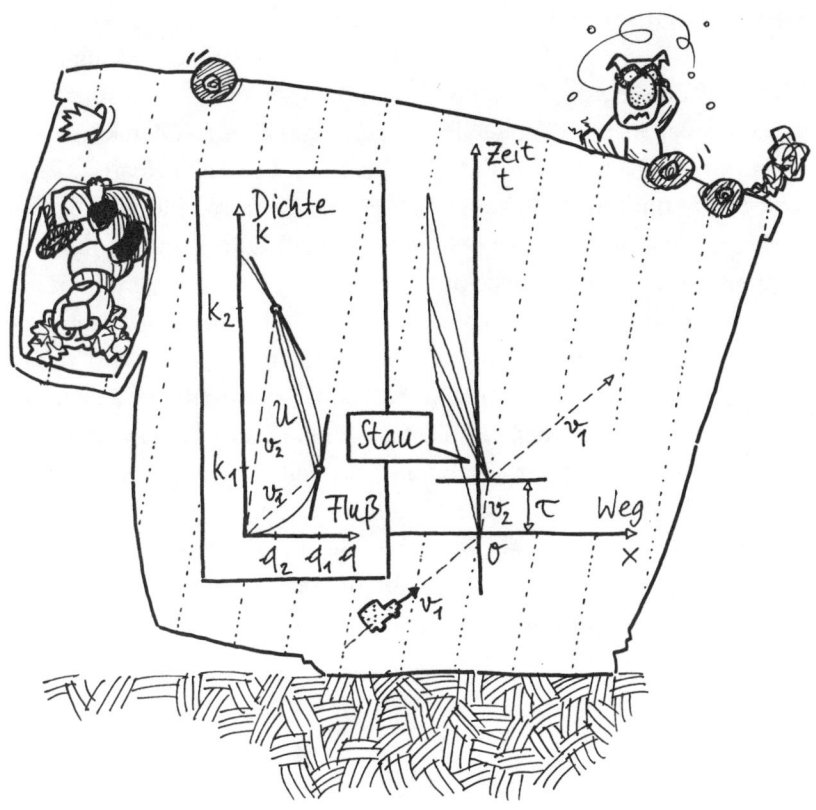

zunächst eine stetige Verdichtungswelle, die sich aber rasch zur Stoßwelle entwickelt. Bis zur Zeit τ hat sich ein Stau der Länge $(v_2 - U)\,\tau$ gebildet. Zu dieser Zeit entschließe sich der Verursacher des Staus, sein Fahrzeug wieder auf die ursprüngliche Geschwindigkeit v_1 zu beschleunigen. Diese Maßnahme führt, wenn man die Dauer der Beschleunigung vernachlässigt, zu einer im Punkt $x = v_2\tau$, $t = \tau$ «zentrierten» Verdünnungswelle, einem «Expansionsfächer». Er wird links von der Wellenfront zur Fahrgeschwindigkeit v_2 begrenzt und rechts von der Wellenfront zur Fahrgeschwindigkeit v_1. Weiter vorn in Fahrtrichtung ist der Fahrzeugstrom wieder gleichmäßig. Der Expansionsfächer erreicht die Stauwelle, schwächt sie allmählich und biegt sie in Fahrtrichtung um. Er löst den Stau auf, und nach einiger Zeit wird der Fahrzeugstrom wieder gleichmäßig. Das ist ein qualitativ richtiges Bild der Verkehrsentwicklung.

Eine «klassische» Theorie: Die auf M. J. Lighthill und G. B. Whitham zurückgehende Theorie des Straßenverkehrs hat Entscheidendes zum Verständnis seines Mechanismus beigetragen. Bereits in der ersten Publikation zum Thema («On kinematic waves, II. A Theory of Traffic Flow on Long Crowded Roads», Proc. Roy. Soc., London, 1955) untersuchten die Verfasser die wichtigsten Verkehrssituationen wie Ampelregelung, Staubildung und -auflösung, Engpaß, Geschwindigkeitsbegrenzung usw. In über vierzig Jahren hat die Theorie seitdem nichts von ihrer Aktualität eingebüßt. Ihr großer Einfluß auf die Entwicklung der Verkehrswissenschaft wird daran sichtbar, daß die in der Originalarbeit benutzten Begriffe und Bezeichnungen, unter anderem q, k, v, U, c für Fluß, Dichte, Geschwindigkeit usw. aus der Theorie der kinematischen Wellen bis heute verwendet werden. Die Theorie muß ihren Gegenstand vereinfachen, um ihn verständlich zu machen. Alle Versuche, sie durch Verfeinerungen der Wirklichkeit des Verkehrs genauer anzupassen, konnten ihre Aussage nicht wesentlich verbessern.

«Crash»

Die Kräfte, die beim großen Crash über Leben und Tod entscheiden, lassen sich ohne teure Crash-Tests oder aufwendige Computer-Simulation abschätzen.

Der Frontalaufprall ist laut Real-Unfallforschung von Mercedes Benz mit einem Anteil von 62% an der gesamten Unfallzahl weit führend (FAZ vom 1.2.1994). Es passiert in einem Augenblick. Bremsen quietschen, ein dumpfer Aufprall, ein Knäuel aus Blech und Glas schleudert irgendwohin. Dann herrscht Stille. Welche Chancen haben die Insassen, den Unfall ohne schwere Verletzungen zu überstehen oder wenigstens zu überleben? Wieviel mehr sind sie in einem kleinen Fahrzeug gefährdet, das mit einem großen zusammenstößt? Bieten «Knautschzonen» hinreichenden Schutz? Um einfache Antworten auf diese Fragen zu finden, schlüpfen wir in die Rolle des Sachverständigen, der am Unfallort aus wenigen Daten – den Massen der Fahrzeuge, ihren (geschätzten) Geschwindigkeiten vor dem Zusammenstoß und der Verkürzung der Karosserien durch die Wucht des Aufpralls – den Hergang des Unfalls zu rekonstruieren versucht. Wir werden die Stoßdauer und die Stoßkraft abschätzen, die für die Unfallfolgen allergrößte Bedeutung haben.

Aus der Sicht eines Zuschauers, der das Geschehen von der Seite beobachtet, fahre das linke Fahrzeug (Masse M) unmittelbar vor dem Zusammenstoß mit der Geschwindigkeit V, das rechte Fahrzeug

(Masse m) mit der Geschwindigkeit v. Wenn Geschwindigkeiten nach rechts positiv und nach links negativ gezählt werden, nähern sich die Fahrzeuge mit der Relativgeschwindigkeit $V-v$.

Von allen möglichen Umständen untersuchen wir einen der gefährlichsten, den frontalen Zusammenstoß. Er geschieht in zwei Phasen. In der Stoßphase bremsen sich die beiden Fahrzeuge gegenseitig in extrem kurzer Zeit und mit entsprechend großer Kraft, die bei Fahrgeschwindigkeiten über 100 km/h im Mittel mehr als das fünfzigfache Gewicht betragen kann. Dagegen ist die Reibungskraft auf der Fahrbahn nur von der Größenordnung des Fahrzeuggewichts und daher während der Stoßzeit im Vergleich zur Stoßkraft zwischen den Fahrzeugen vernachlässigbar klein. Nach dem Stoß kann es eine «Ausgleitphase» geben, in der die ineinander verkeilten Fahrzeuge auf der Straße weiterrutschen, bis die Reibung der Straße oder Hindernisse sie endgültig zum Stillstand bringen. Wir schließen aus, daß die Fahrzeuge sich nach dem Stoß mit wesentlich verschiedenen Geschwindigkeiten weiterbewegen, wie es beim Wirken elastischer Kräfte der Fall sein könnte. In der Ausgleitbewegung wird ein um so kleinerer Anteil der ursprünglichen Bewegungsenergie der Fahrzeuge verheizt, je vollständiger sich die Impulse der beiden Fahrzeuge vor dem Zusammenstoß zahlenmäßig aufheben. Jedenfalls birgt sie für Gesundheit und Leben der Insassen ein deutlich geringeres Risiko als der Stoß, auf den wir deshalb unsere besondere Aufmerksamkeit richten.

Rekonstruktion des Stoßes: Die zu den Zeiten t eingenommenen Positionen $x(t)$ des rechten und $X(t)$ des linken Fahrzeugs (genauer: die Orte ihrer Schwerpunkte) zählen wir wachsend nach rechts und setzen beim Stoßbeginn (zur Zeit $t = 0$) willkürlich $x(0) = X(0) = 0$. Zeitableitungen notieren wir durch übergesetzte Punkte, insbesondere bedeuten $\dot{x}$ die Geschwindigkeit und $\ddot{x}$ die Beschleunigung des rechten Fahrzeugs. Bei Gegenverkehr beginnt der Stoß mit den Geschwindigkeiten $\dot{X}(0) = V$ (positiv) und $\dot{x}(0) = v$ (negativ) und endet nach der (a priori nicht bekannten) Stoßdauer τ, wenn die Geschwindigkeiten der beiden Fahrzeuge gleich geworden sind: $\dot{x}(\tau) = \dot{X}(\tau) = U$.

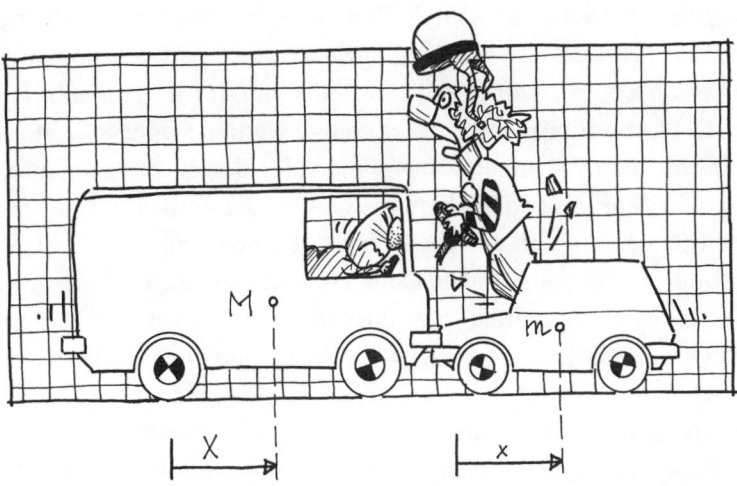

Während der Stoßzeit τ bewegen sich die (Schwerpunkte der) Fahrzeuge um die Strecken $x(\tau) = s$ bzw. $X(\tau) = S$ weiter, die sich um die «Knautschlänge» $\Delta = S - s$ unterscheiden, um die sich beide Fahrzeuge insgesamt im Stoß verkürzen. Für den Stoßverlauf ist es ohne Belang, welches der Fahrzeuge die Knautschzone zur Verfügung stellt. Selbstverständlich kann es aber für die Insassen eines Fahrzeuges von lebensrettender Bedeutung sein, daß die eigene Fahrgastzelle möglichst wenig zusammengedrückt wird. Das sind schon sämtliche Daten, die uns zur Rekonstruktion des Stoßvorgangs zur Verfügung stehen. Fehlende Beobachtungen müssen durch plausible Annahmen ersetzt werden.

Kräfte und Zeiten: Die Stoßkräfte, die die Fahrzeuge aufeinander ausüben, sind nach dem Reaktionsprinzip (kurz: «actio = reactio») entgegengesetzt gleich. Die Newton'schen Bewegungsgleichungen der Fahrzeuge lauten daher unter der schon begründeten Vernachlässigung anderer Kräfte im Stoß: $m\ddot{x} = F(t) = -M\ddot{X}$. Durch einmalige Integration der Gleichungen über die Stoßdauer τ mit den obigen Anfangs- und Endbedingungen folgt daraus die Relation $m(U-v) = \langle F \rangle \tau = M(V-U)$, die gleichbedeutend mit der Impulserhaltung im Stoß ist. $\langle F \rangle = \int_0^\tau F(t)\,dt/\tau$ ist die Abkürzung für den zeitlichen

Mittelwert der Stoßkraft. Durch Elimination der Stoßkraft findet man, daß die Fahrzeuge nach Beendigung des Stoßes ihre Bewegung mit der Schwerpunktsgeschwindigkeit $U = (MV + mv)/(M + m)$ fortsetzen.

Die Ortsänderungen der Fahrzeuge während der Stoßzeit ergeben sich durch nochmalige Integration der Bewegungsgleichungen. Dazu wird eine etwas detailliertere Kenntnis des Zeitverlaufs der Stoßkraft $F(t)$ benötigt, als sie ein Unfallbeobachter ohne genaue Untersuchung der Fahrzeuge haben kann. Wir schließen die Lücke durch die vereinfachende Annahme, daß die Stoßkraft zeitlich konstant, also gleich ihrem Mittelwert ist: $F(t) = \langle F \rangle$. Damit sind auch die Beschleunigungen $\ddot{x} = b = F/m$ und $\ddot{X} = B = -F/M$ der Fahrzeuge konstant. Wie beim freien Fall läßt sich damit die zweite Integration der Bewegungsgleichungen über die Stoßdauer τ sofort ausführen. Sie liefert die Wege $S = V\tau + B\tau^2/2$ des linken und $s = v\tau + b\tau^2/2$ des rechten Fahrzeuges, deren Differenz die Knautschlänge Δ ist. Aus den bereitgestellten Gleichungen lassen sich die Stoßdauer τ und die Stoßkraft F als Funktionen der als bekannt vorausgesetzten Parameter ausrechnen:

$$\tau = \frac{2\Delta}{V-v}.$$

$$F = \frac{mM}{(M+m)} \frac{(V-v)^2}{2\Delta}.$$

Die Ergebnisse können nicht besser sein als die ihnen zugrundeliegenden Annahmen. Wir können nur erwarten, daß sie mittlere Werte für die Stoßdauer und die Stoßkraft liefern. Vor detaillierteren numerischen Simulationen haben sie aber den Vorteil, die Abhängigkeit von den entscheidenden Einflußgrößen transparent zu machen.

Für ein Zahlenbeispiel nehmen wir $\Delta = 1{,}5$ m und $V = -v = 100$ km/h an. Dafür ergibt sich für die Stoßzeit etwa 5 hundertstel Sekunden. Bei gleichen Massen folgt als Stoßkraft pro Masse $F/m = 52\,g$ ($g = 9{,}81$ m/s² Schwerebeschleunigung). Die Stoßkraft ist das 52fache Gewicht. Beim Massenverhältnis $M = 5\,m$ findet man für die Kraft pro Masse im leichten Fahrzeug sogar $F/m = 87\,g$, während das schwere Fahrzeug nur $F/M = 17\,g$ aushalten muß. Eine Beschleunigung von $87\,g$ ist für Mensch und Material von gefährlicher Größe, zumal die ermittelten

Zahlen nur Mittelwerte darstellen können. Kurzzeitig sind größere Werte zu erwarten.

Übliche Crash-Tests der Automobilhersteller werden bei geringeren Geschwindigkeiten ausgeführt, zum Beispiel die Fahrt mit $-v = 54$ km/h $= 15$ m/s gegen eine unnachgiebige Wand (Masse M des Stoßpartners «unendlich groß»), bei der sich das Fahrzeug vorn um geschätzte $\Delta = 0{,}1\,m$ zusammendrückt. Dafür ergibt unsere Näherungsrechnung die Stoßdauer $\tau = 27$ Millisekunden bei einer mittleren Stoßkraft von $F/m = 57\,g$ in brauchbarer Übereinstimmung mit Messungen.

Keine Chancengleichheit: Unmittelbar nach Beendigung des Stoßes bewegen sich beide Fahrzeuge mit der schon bestimmten Geschwindigkeit U ihres gemeinsamen Schwerpunkts. Die Geschwindigkeitsänderungen, die Material, Karosserie und Insassen der Fahrzeuge im Verlauf der Stoßzeit τ (im ursprünglichen Sinne des Wortes) zu «verkraften» haben, stehen daher im umgekehrten Verhältnis ihrer Massen:

$$\frac{U-v}{U-V} = -\frac{M}{m}.$$

Im Stoß gibt es keine Chancengleichheit für groß und klein, schwer und leicht. Beim Zusammenstoß mit einem doppelt so schweren Stoß-

partner muß ein Fahrzeug im Mittel doppelt so große Belastungen aushalten wie der Gegner. Knautschzonen ändern nichts an der Größe des übertragenen Impulses $F\tau = mM(V-v)/(M+m)$. Sie verlängern aber die Stoßzeit τ und verkleinern dadurch die mittlere Stoßkraft. Um das Sicherheitsrisiko entscheidend zu verringern, müßten Knautschzonen viel länger sein. Auch die Drosselung der Fahrgeschwindigkeit durch Notbremsung vor dem Zusammenstoß mindert das Risiko nur, hebt es aber nicht auf. Die Gesetze der Mechanik lassen sich beim Verkehrsunfall nicht außer Kraft setzen. Soziale Rücksichtnahme und eigenes Sicherheitsbedürfnis schließen sich im Straßenverkehr aus. Die Investition in einen schweren Wagen kann zur Lebensversicherungsprämie werden.

3. Zwischen Himmel und Erde

Schaukeln für Anfänger

Pumpen: Gewöhnlich schaukelt man im Sitzen. Um die Schaukel in Schwung zu bringen, streckt man beim Vorschwingen den ganzen Körper von Kopf bis Fuß und krümmt sich beim Rückschwingen zu einem «S» zusammen. Das scheint ganz natürlich zu sein. Schon kleine Kinder beherrschen das Strecken und Beugen des Oberkörpers und der Unterschenkel im Rhythmus der Schaukelschwingung. Doch wie kommt der Mensch darauf? Sicher ist, daß man beim Schaukeln Teil eines Regelkreises ist, sowohl Sensor (der die Abweichung des «Ist» vom «Soll» beobachtet) als auch Aktuator (der sie zu korrigieren hat). Aber wie man diese Aufgabe wahrnimmt, ist schwer zu fassen und noch schwerer zu quantifizieren. Auf irgendeine Weise empfindet man die Kraftanstrengung als angenehm, wenn man genau im Takt ist und die Schaukelschwingung antreibt. Unbehaglich ist das Gefühl, aus dem Takt zu kommen und, absichtlich oder aus Ungeschicklichkeit, die Schaukelschwingung zu dämpfen. Versuchen Sie einmal die Gegenbewegung auf der Schaukel zu machen, das heißt, krümmen Sie sich beim Vorschwingen zum «S» und strecken Sie sich beim Rückschwingen! Und dazu gleich noch eine Frage: Man versteht, daß die mechanische Arbeit, die die Muskeln beim Aufschaukeln leisten, zur Energie der Schaukelschwingung beiträgt. Man sieht ja, wie sie schneller wird. Aber wo bleibt die Energie, die die Schaukelschwingung beim absichtlichen Abschwingen verliert?

Im Ingenieurjargon spricht man vom «parametrischen Pumpen», weil die Schaukelschwingung dadurch angetrieben wird, daß der

Mensch auf der Schaukel im Rhythmus der Schwingung physikalische Parameter des schwingenden Systems Schaukel – Mensch ändert, und zwar die Schwerpunktslage und das Trägheitsmoment der Massenverteilung in bezug auf die Drehachse. Das Schaukeln im Sitzen ist, theoretisch betrachtet, ein komplizierter Vorgang. Leichter läßt sich das Schaukeln im Stehen erklären. Auf der Schaukel stehend kann man sich strecken, dabei den Schwerpunkt heben und gleichzeitig näher zum Drehpunkt bringen. Oder man kann in die Hocke gehen, den Schwerpunkt dabei senken und vom Drehpunkt wegbewegen.

Das einfachste Gedankenmodell dafür ist eine Kugel an einem im Vergleich zu ihr sehr leichten («masselosen») Stab, an dem sie (zum Beispiel mit Hilfe eines von außen regelbaren Motors) auf und ab klettern kann. Dieses einfache Modell der Schaukel läßt sich näherungsweise

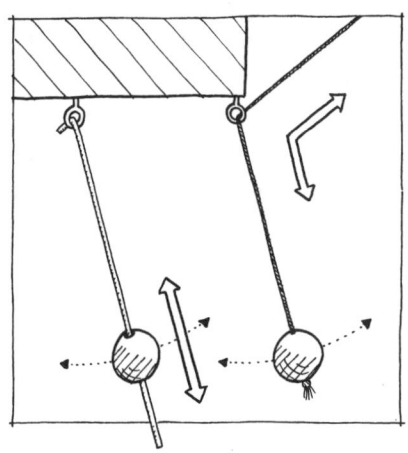

durch ein Schnurpendel realisieren, dessen Schnur durch eine Öse läuft. Die Länge der Schnur kann man von außen regulieren, indem man das obere Schnurende mehr oder weniger herauszieht. Mit einem Schnurpendel veränderlicher Länge läßt sich das parametrische Pumpen auch leicht praktisch demonstrieren. Es besteht aber ein grundlegender Unterschied zwischen dem Stabpendel und dem Schnurpendel, auf den ich an passender Stelle noch zurückkommen werde. Zur Vorführung muß die Schnur lang genug sein, damit das Pendel langsam genug schwingt, sonst bringt man es nicht fertig, bei der parametrischen Anregung im Takt zu bleiben.

Wie kommt man beim Schaukeln im Stehen am schnellsten in Schwung? Es klingt wie eine Binsenweisheit: Man bewege sich so, daß man möglichst viel mechanische Arbeit an der Schaukel leisten kann. Der Mensch auf der Schaukel kann der schwingenden Schaukel Energie sowohl zuführen als auch entziehen. Er hat aber zu keiner Zeit unmittelbaren Einfluß auf ihren Drehimpuls in bezug auf die Drehachse. Dazu ist eine Kraft von außen nötig, die ein Drehmoment auf die Schaukel ausübt. Beim Schaukeln gibt es dafür nur die Schwerkraft. Die größte Kraft erfährt die schwingende Masse beim Durchgang durch die Gleichgewichtslage, in der ihr ganzes Gewicht sie nach unten zieht und außerdem, von der schwingenden Schaukel betrachtet, die «Zentrifugalkraft» am größten ist. Der Schaukler kann also besonders viel Arbeit in die Schaukel stecken, wenn er sich beim Durchgang der Schaukel durch die senkrechte Lage rasch streckt. Beim Strecken erhöht seine mechanische Arbeit gegen die Gewichtskraft die potentielle Energie, seine Arbeit gegen die Zentrifugalkraft die kinetische Energie der Schaukel. Danach läßt er sich von der Schaukel zum oberen Umkehrpunkt tragen. Dort geht er wieder in die Hocke, um den Hebelarm der Schwerkraft in bezug auf den Drehpunkt der Schaukel und damit das Drehmoment zu vergrößern, das ihn zurücktreibt und auf der anderen Seite höher hinaufschwingen läßt.

Ein Kreisprozeß: Angenommen, die schaukelnde Person schwinge in der Hocke (Pendellänge $r = \ell + h$) von links zur Mitte und habe im tiefsten Punkt ⓪ der Bahn die kinetische Energie

$$T_0 = \frac{m}{2} (\ell+h)^2 \omega_0^2$$

(dabei sind m die Masse und $\omega = \omega_0$ die Winkelgeschwindigkeit des Pendels). Beim Strecken von ⓪ nach ① bleibt (wie oben gesagt) der Drehimpuls $D = mr^2\omega$ in bezug auf den Drehpunkt A der Schaukel ungeändert: $m(\ell+h)^2 \omega_0 = m\ell^2 \omega_1$. Daraus lassen sich die

Winkelgeschwindigkeit $\quad \omega_1 = \left(1 + \frac{h}{\ell}\right)^2 \omega_0$

und die kinetische Energie $\quad T_1 = \frac{m}{2}\ell^2 \omega_1^2 = T_0 \left(1 + \frac{h}{\ell}\right)^2$

in Punkt ① bestimmen. Die Winkelgeschwindigkeit ist von ⓪ nach ① gewachsen (Pirouetteneffekt), und die kinetische Energie hat zugenommen (um den Betrag der Arbeit gegen die Zentrifugalkraft). Um

die Zunahme der potentiellen Energie durch die Arbeit gegen die Schwerkraft beim Strecken von ⓪ nach ① brauchen wir uns nicht zu kümmern, weil wir den Kreisprozeß von ⓪ nach ④ untersuchen, der zum Ausgangspunkt zurückführt. Nach dem Strecken pendelt der Schaukler, ohne Muskelarbeit zu leisten, von ① zum Umkehrpunkt ② der Schwingung, wo das Pendel für einen Moment zur Ruhe kommt. Bei der Pendelschwingung wird daher die kinetische Energie T_1 ganz in die dem Höhenunterschied zwischen ② und ① entsprechende potentielle Energie $V_2 - V_1 = mg\ell(1 - \cos\phi_m)$ umgesetzt, sofern von Energieverlusten wie durch den Luftwiderstand abgesehen wird, die erst bei länger dauernder Bewegung ins Gewicht fallen. Damit ist der maximale Pendelausschlag ϕ_m bekannt. Der Schaukler geht im Umkehrpunkt U von ② nach ③ wieder in die Hocke und kann bei der Rückschwingung von ③ nach ④ die dem Höhenunterschied entsprechende potentielle Energie $V_3 - V_4 = mg(\ell + h)(1 - \cos\phi_m)$ ganz in die kinetische Energie T_4 im tiefsten Punkt ④ umsetzen. Die Differenz

$T_4 - T_0$ ist der Energiegewinn der Schaukelschwingung in dem Kreisprozeß. Wie man leicht nachrechnet, ist

$$T_4 = T_0 \left(1 + \frac{h}{\ell}\right)^3.$$

Der Energiegewinn ist um so geringer, je kleiner die Energie T_0 zu Beginn des Kreisprozesses war, und wächst mit der Hubhöhe h des Schwerpunkts. Das Ergebnis zeigt auch, daß sich die Schaukel durch parametrisches Pumpen nicht aus der Ruhelage ($T_0 = 0$) aufschaukeln läßt. Solange, wie vorausgesetzt, die Reibung vernachlässigt werden kann, wächst die kinetische Energie der Schaukelschwingung mit der Anzahl der durchlaufenen Zyklen exponentiell an. Nach n Zyklen beträgt sie

$$T_0 \left(1 + \frac{h}{\ell}\right)^{3n}.$$

Wie oben angekündigt, muß ich noch den Unterschied zwischen dem Stangenpendel als Modell des Schaukelschwingers und dem Fadenpendel veränderlicher Länge erklären. Das Verkürzen des Fadens (oder Seils) ist problemlos, weil der Faden dabei gespannt bleibt. Aber nach dem Erschlaffen fällt die Führung durch den Faden weg, und die Pendelkugel bewegt sich auf einer Wurfparabel. Sie wandert daher am Umkehrpunkt der Schwingung nicht, wie für die Schaukel vorausgesetzt, radial, sondern im freien Fall vertikal, bis der Faden sich wieder strafft.

In der Käfigschaukel: All dies hatten wir, das heißt meine Mitarbeiter und ich, uns genau überlegt, als wir beschlossen, es auf der Herbstmesse auszuprobieren. Dort fanden wir zwar keine leichten Brett- oder Schiffschaukeln wie in früheren Jahren, aber es gab schwere Käfigschaukeln auf hohem Gerüst, mit denen man sogar um volle 360 Grad herumschwingen konnte. Eine mechanische Parallelführung sorgte dafür, daß der Boden der Schaukelkäfige immer waagerecht blieb – eine komfortable Art, stehend zu schaukeln, wenn man davon absieht, daß verhältnismäßig viel Masse zu bewegen ist.

Der erste, der den Käfig bestieg, war ein junger Mathematiker. Er mühte sich redlich, seinen Schwerpunkt nach der Theorie optimal zu

128

bewegen. Aus der Zuschauerperspektive sah man, wie er sich als Teil des Regelkreises empfand und bewußt das Ist mit dem Soll verglich und die Abweichung nach einer gewissen Totzeit (seiner persönlichen Reaktionszeit) ruckartig korrigierte. Auf diese Weise außer Takt, schaffte er es mit Mühe kaum, bis in die Horizontale zu schwingen.

Der zweite, ein Physiker, verließ sich wegen seiner «langen Leitung» nur auf sein Körpergefühl. Seine Strategie war, in jedem Augenblick die Bewegung auszuführen, die ihn am meisten anstrengte. So hoffte er, die größte Leistung in die Schaukel zu stecken. Tatsächlich brachte er seinen Käfig schon nach wenigen Pendelschwüngen über den oberen Totpunkt. Übermütig beschleunigte er die Schaukel weiter, bis das Gestell gefährlich zu wackeln anfing und der Aufpasser den Käfig beim Durchgang durch die tiefste Lage aus Sicherheitsgründen durch eine Vorrichtung am Boden unsanft bremste. Bei kleiner Schwingungsweite wieder freigelassen, versuchte der Physiker dasselbe Manöver erfolgreich noch einmal und überwand rasch wieder den oberen Totpunkt, diesmal in entgegengesetzter Richtung. Erneut fast zur Ruhe gebremst, überwand er den Gipfel zum drittenmal – alles für einen

Fahrpreis. Die Moral: Theorie läßt sich nur durch intensives Training erfolgreich in Motorik umsetzen. Das gilt fürs Schaukeln wie für jede andere Sportart.

Schwieriger, als eine bereits schwingende Schaukel anzutreiben, ist es – theoretisch wie praktisch –, eine ruhende Schaukel in Gang zu setzen, ohne sich am Boden abzustoßen oder von jemandem anschieben zu lassen. Dieser Frage gehen wir im nächsten Kapitel nach.

Schaukeln für Fortgeschrittene

Briefwechsel unter Kollegen: Anfang der achtziger Jahre machte mich ein Hörer meiner Vorlesungen über physikalische Spielzeuge im Warschauer Banachzentrum auf Professor L. in London aufmerksam, der sich zwar hauptsächlich mit elektrischen Maschinen beschäftige, darüber hinaus aber bemerkenswerte Beobachtungen an Kreiseln gemacht habe. Auf meine Anfrage beim Imperial College kam nach wenigen Wochen freundliche Antwort von Professor L. zurück, er könne tatsächlich Kreisel herstellen, die merkwürdige Bewegungen machen. Bevor er mir darüber berichte, müsse ich ihm aber eine Frage beantworten.

Die Frage, zu der er meine Antwort schätzen würde, schrieb er in sehr höflichem Englisch, betreffe das Kind auf einer Schaukel. Es sei klar, daß die Bewegung einer Schaukel, sei sie einmal im Gange, durch Körperbewegung verstärkt werden könne. Die Frage sei aber, ob ein Mensch, der an einem völlig biegeschlaffen (das heißt der Verbiegung keinen nennenswerten Widerstand entgegensetzenden) und «masselosen» (das heißt gemessen an der daran hängenden Last sehr leichten) Seil hänge, aus der Ruhe heraus aus eigener Kraft zum Schaukeln kommen könne. Er dürfe dazu nicht etwa Teile seiner Kleidung ausziehen und fortwerfen, nicht spucken, nicht einmal kräftig ausatmen (um nicht durch den Rückstoß des dabei verursachten Impulsstroms wie durch einen Raketenmotor die Schaukel anzutreiben). Es sei auch nicht erlaubt, durch die Luft zu «schwimmen» (das heißt Auftrieb und Widerstand der Luft wie mit Rudern oder Propellern zum Impulsantrieb auszunutzen). Man versteht, daß das Seil als masselos und biegeschlaff vorausgesetzt werden muß, damit die schaukelnde Person sich weder daran abstoßen noch zur Seite hebeln kann.

Da ich nicht sofort Zeit fand, die Frage gründlich zu untersuchen, um eine vollständige Antwort zu geben, versuchte ich in meinem nächsten Brief, Professor L. mit einer einfachen Ersatzlösung zufriedenzustellen, in der ich die Seile, an denen das Schaukelbrett hing, durch steife Stangen ersetzt hatte. Solche Schaukeln gibt es auch. Ich glaube mich aber zu erinnern, daß sie schwer sind und es mühsam ist, mit ihnen in Schwung zu kommen. Diesmal ließ die Antwort nur drei Tage auf sich warten. Professor L. schrieb mir, ich sei durch die Prüfung gefallen (womit er leider recht hatte). Und zu meinem Bedauern warte ich deshalb noch heute vergeblich auf seine originellen Einsichten über Kreisel. Inzwischen habe ich aber Zeit gefunden, mir die Schaukelfrage noch einmal zu überlegen. Obwohl ich immer noch keine vollständige Lösung des Schaukelproblems geben kann, hoffe ich, daß ich die Prüfung diesmal bestehen würde.

Hängegleichgewicht: Stellen Sie sich vor, jemand habe Sie in eine Kiste gesteckt und die Kiste an einer langen, leichten Nylonschnur aufgehängt. Die ungewöhnliche Kistenschaukel sei in ihrer stabilen Ruhelage, das heißt, der Schwerpunkt S (der Kiste mit Inhalt) befinde sich im tiefsten Punkt senkrecht unter dem Befestigungspunkt B und der Punkt B senkrecht unter dem Aufhängepunkt A. Können Sie Bewegungen machen, die die Kiste mit Ihnen ins Schaukeln bringen? Langsame Gewichtsverlagerungen, bei denen die Schaukel immer in nächster Nähe einer Gleichgewichtslage bleibt, können den Schwerpunkt nur heben oder senken, weil in jeder Gleichgewichtslage außer den Gewichtskräften auch die Seilkraft senkrechte Richtung hat. Ein biegeschlaffes Seil kann nur Kräfte in Seilrichtung übertragen. Man muß die Schaukel erheblich aus dem Gleichgewicht bringen, um sie in Gang zu setzen. Wichtig ist dabei, daß das Seil nicht im Schwerpunkt festgemacht ist, sondern außen an der Kiste! Wenn die Person in der Kiste sich kräftig abstößt, kann sie den Befestigungspunkt B zum Beispiel bei gespanntem Seil ein Stückchen auf einem Kreisbogen vom Radius der Seillänge ℓ bewegen. Wenn der Stoß so

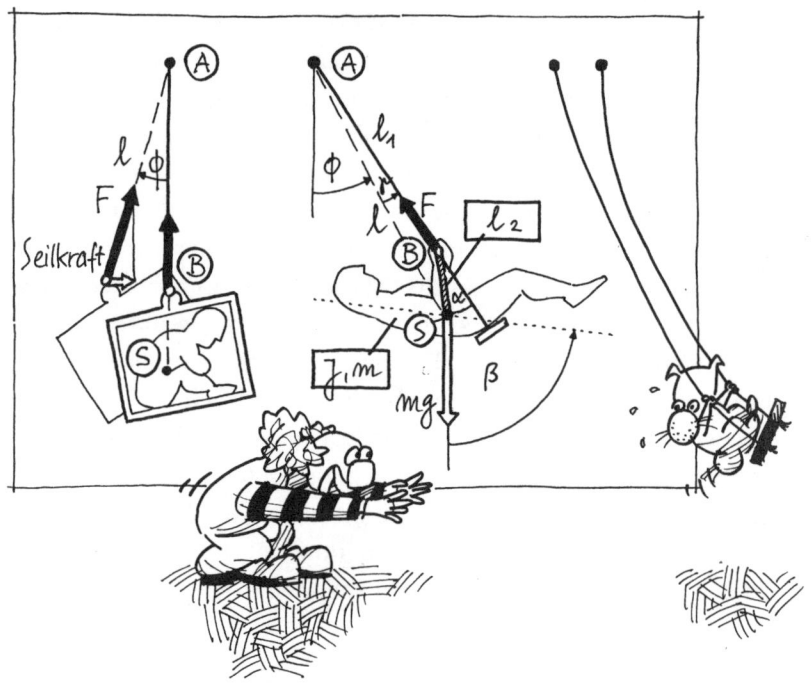

heftig ist, daß das Seil erschlafft, wird die Kiste sogar ein paar Momente frei durch die Luft fliegen. In jedem Falle hat das Seil danach Schräglage und überträgt in der neuen Lage eine kleine horizontale Kraftkomponente vom Befestigungspunkt B der Kiste zum Haken am Aufhängepunkt A. Diese Kraft bringt die Schaukelbewegung in Gang und die Kiste ins Taumeln.

Beim Schaukeln im Sitzen verhält man sich entsprechend. Man hat das Seil vom Sitzbrett bis zum Griffpunkt der Hände (etwa in Schulterhöhe) unter Kontrolle, der dem Befestigungspunkt B an der Kiste entspricht. Aus der Ruhelage, in der der Körper im Sitzen zusammengekauert ist und die Seile oberhalb des Griffpunkts senkrecht hängen, erreicht man durch rasches Strecken und Drehen des Körpers in die Horizontale (sowie Abknicken des Seils im Griffpunkt) die erwünschte Schräglage des Schaukelseils. Danach schwingt die Schaukel langsam mit sehr kleiner Schwingungsweite nach vorn. Wenn man sich wie gewohnt im vorderen Umkehrpunkt zum S zusammenfaltet, pendelt die Schaukel beim Rückschwung schon ein bißchen höher. Ist erst der Anfang gemacht, ist das Schaukeln kein Problem mehr.

Theoretisch schaukeln: Gewiß gibt es viele Arten zu schaukeln. Am natürlichsten erschien es uns, den Antrieb der Schaukel auf die Drehungen des Körpers aus der Sitz- in die Liegehaltung und umgekehrt zurückzuführen. Die Streckung des Körpers verändert die Schwerpunktslage und das Trägheitsmoment um die Querachse. Im einfachsten Gedankenmodell ersetzen wir deshalb die Schaukel unterhalb des Griffpunktes B einschließlich der schaukelnden Person durch einen starren Körper (Masse m und Trägheitsmoment J um die Querachse durch den Schwerpunkt) mit einem masselos gedachten beweglichen Arm (Länge ℓ_2), der willkürliche Drehungen des Körpers möglich macht. Dieses Gebilde hängt am restlichen Schaukelseil (Länge ℓ_1). Die Lage des Schwerpunkts S wird in Polarkoordinaten ℓ (Radius vom Aufhängepunkt A) und ϕ (Polarwinkel gegen die Vertikale) beschrieben. Der Knickwinkel des Schaukelseils im Griffpunkt B heißt α. Der Drehwinkel β der Körperachsen gegen die Vertikale ist die Kontrollvariable, mit der der Schaukler die Schaukelbewegung im Modell steuert. Die Gewichtskraft mg, im Schwerpunkt S angreifend, hat Vertikalrichtung, die Seilkraft F im Griffpunkt B die Richtung des oberen Seilstücks.

Mit dieser Vorbereitung lassen sich die Bewegungsgleichungen (1) und (2) für den Schwerpunkt und (3) für die Drehung des Körpers um den Schwerpunkt schulmäßig formulieren:

(1) $m(\ell\ddot{\phi} + 2\dot{\ell}\dot{\phi}) = -F\sin\gamma - mg\sin\phi$

(2) $m(\ddot{\ell} - \ell\dot{\phi}^2) \ = -F\cos\gamma + mg\cos\phi$

(3) $J\ddot{\beta} \qquad\quad = +F\ell_2\sin\alpha$.

Punkte über den Symbolen bedeuten Zeitableitungen. Am Anfang der Bewegung aus der Ruhe sind die Schwingungsweiten noch so klein, daß die Sinusfunktionen der Winkel ϕ, γ und α durch die Winkel selbst (im Bogenmaß) ersetzt werden können und die Cosinusfunktionen durch 1. Aus dem Dreieck ABS mit dem Innenwinkel γ und dem Außenwinkel α liest man in dieser Näherung sofort die Zusammenhänge $(\ell_1 + \ell_2)\gamma = \ell_2\alpha$ sowie $\ell_1 + \ell_2 = \ell$ ab. Der Abstand ℓ ist daher näherungsweise konstant. Unter der plausiblen Annahme, daß zu Anfang der Schaukelbewegung nicht nur die Winkel, sondern auch ihre zeitlichen Änderungen (in gewissem Sinne) klein bleiben, folgt aus (2) $F = mg$ und damit aus (3) $\alpha = J\ddot\beta/mg\ell_2$. In gleicher Näherung ergibt sich dann aus (1) die «Schaukelgleichung»:

$$\ddot\phi + \omega^2\phi = \frac{-J}{m\ell^2}\ddot\beta.$$

Zur Abkürzung wurde $\omega = \sqrt{g/\ell}$ für die Kreisfrequenz der freien Schaukelschwingung geschrieben. Das Aufschaukeln aus der Ruhe ist in diesem einfachsten Modell eine erzwungene Schwingung mit einer Erregung proportional zur Winkelbeschleunigung des Körpers. Der Einsatz des Körpers ist danach um so wirkungsvoller, je größer sein Trägheitsmoment ist, aber die Anstrengung beim Aufschaukeln um so größer, je länger die Schaukel ist.

Aufschaukeln läßt sich auf verschiedene Weise mehr oder weniger effektvoll erreichen. Plötzliche Drehungen des Körpers in den Umkehrpunkten der Pendelschwingung, die durch die vertraute Körperbewegung beim Schaukeln im Sitzen nahegelegt werden, sind mathematisch umständlich zu beschreiben. Wirkungsvoll ist aber auch die zeitlich harmonische Anregung $\beta(t) = B\sin\omega t$ «im Takt», das heißt in Resonanz mit der Schaukelschwingung. Das Aufschaukeln aus der Ruhelage beschreibt die Lösung

$$\phi(t) = \frac{-JB}{2m\ell^2}(\omega t\cos\omega t - \sin\omega t)$$

der Schaukelgleichung zu den Anfangsbedingungen $\phi(0) = 0$ und $\dot\phi(0) = 0$. Die Umkehrpunkte der Schwingung liegen im dimensionslosen Zeitmaßstab $\tau = \omega t/\pi$, dessen ganzzahlige Werte die Halbperioden der Schwingung zählen, an den Stellen $\tau = 1, 2, 3, \ldots$ Nach einer Halbschwingung beträgt die Schwingungsweite $\phi_1 = JB\pi/2m\ell^2$, nach n Halbschwingungen das n-fache.

Zum Beispiel lassen wir einen Erwachsenen schaukeln, für dessen Masse einschließlich dem Schaukelbrett 80 kg veranschlagt werden. Ausgestreckt habe er das Trägheitsmoment $J = 15\,\text{kg m}^2$ um die Quer-

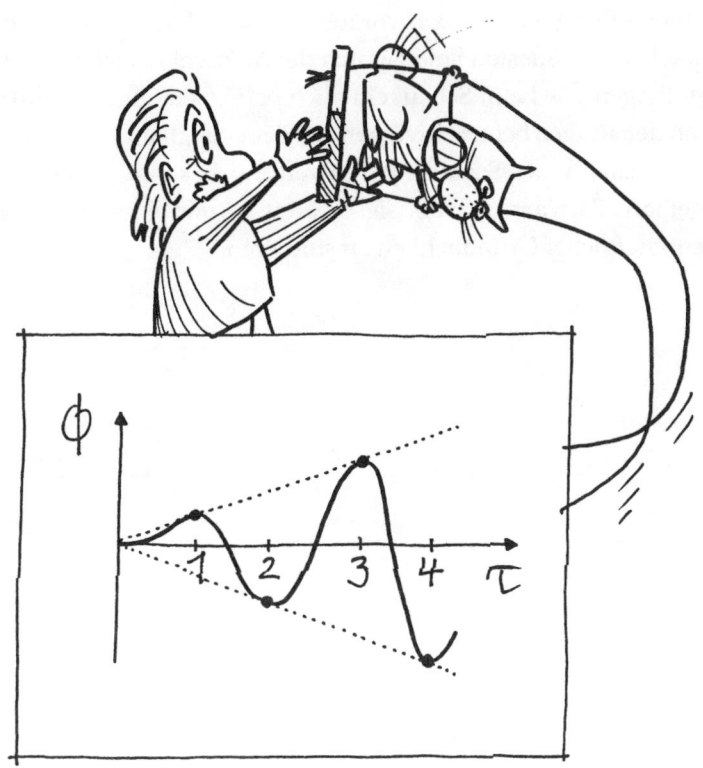

achse durch den Schwerpunkt. Damit ihm das Aufschaukeln nicht zu mühsam wird, machen wir die Schaukel nicht zu hoch, sondern setzen ihn auf eine Kinderschaukel von $\ell = 2$ m Länge (ihre Schwingungsdauer $T = 2\pi\sqrt{\ell/g}$ beträgt weniger als 3 Sekunden). Wenn er sich beim Schaukeln um $2B = 80$ Grad vorwärts und rückwärts dreht, macht die Schaukel nach der ersten Halbschwingung einen Ausschlag ϕ_1 von knapp 3 Grad. Nach drei ganzen Schwingungen (etwa 8,5 Sekunden) schwingt sie etwa 18 Grad hoch. Nach meinen eigenen Beobachtungen beim Schaukeln erscheint mir das zu wenig, woraus ich schließe, daß man durch Übung eine bessere Technik zu schaukeln finden kann.

Wenn das mathematische Modell die wichtigsten Merkmale der Schaukelschwingung im übrigen zutreffend beschreibt, wächst die Schwingungsweite bei der gewählten Art der Anregung in der Anlaufphase linear im Unterschied zum exponentiellen Wachstum beim parametrischen Pumpen (vgl. den vorausgehenden Aufsatz). Obwohl die Schaukel zu den ältesten Spielgeräten der Menschheit gehört und dieselben Fragen wie beim Schaukeln auch beim Geräteturnen auftreten (z. B. an den Ringen beim Schwingen aus dem Langhang), versteht man die Biomechanik des Schaukelns, soweit mir bekannt ist, bisher nur mangelhaft. Es wäre reizvoll, sie theoretisch und experimentell mit wissenschaftlicher Gründlichkeit zu studieren.

Springer und Flieger

Samiras Geschichte: Nach den Sommerferien kreuzte ich bei meinem morgendlichen Zehntelmarathon Samiras Schulweg. Sie rief mir schon von weitem einen «Guten Morgen» zu. «Hallo, geht's gut?» frage ich beim Näherkommen. «Mh – ja», gab sie zur Antwort, «ich will nur keinen Gips mehr, aber der kommt heute ab.» Sie hob mir die Arme entgegen, und jetzt sah ich es erst: Ihre beiden Unterarme waren bis an die Hände eingegipst. Sie sei von der Wippe gefallen, erklärte sie mir. Zu solcher Untertreibung konnte ich nur ungläubig bemerken, da müsse sie wohl «sehr» unglücklich gefallen sein. «Ganz so war's auch nicht», erzählte Samira ihre Geschichte: «Es war auf meiner Sommerfreizeit in Österreich. Da waren viele Kinder, und es gab einen Spielplatz mit einer Wippe. Ich stand auf der einen Seite der Wippe, und auf die andere Seite sind elf (!) Kinder draufgesprungen. Da bin ich über drei Meter hochgeflogen (das haben die anderen Kinder mir später gesagt), aber dann habe ich das Übergewicht bekommen und bin mit dem Kopf zuerst runtergekommen. Beim Aufschlag am Boden habe ich mich mit den Händen abgestützt. Das hat richtig geknackt und hinterher furchtbar weh getan. Aber der Mirko aus unserer Gruppe hat es vor mir zweimal hintereinander gemacht, deswegen habe ich mich auch getraut.» Im weiteren Gespräch kam heraus, daß Mirko nicht nur größeres Glück hatte – der Junge war im Zirkus aufgewachsen, auch die Anzahl «elf» korrigierte Samira später ein bißchen nach unten. So kam ich dazu, mich für Schleuderbrett-Artistik zu interessieren.

Schleuderbrett-Akrobaten: Es gibt sie, mit wenigen Ausnahmen, nur im Zirkus. Wer das Zirkusfest von Monte Carlo leibhaftig oder auf dem Bildschirm verfolgt hat, konnte in den letzten Jahren mindestens zwei russische Gruppen bewundern, die Radokows vom Russischen Staatszirkus und die Sawinitsch aus Moskau. Eingehende Nachforschungen führten mich zu der einzigen deutschen Amateurgruppe, den Weilerner Schleuderbrett-Akrobaten aus Aalen (Württemberg). Es gibt sogar einen deutschen Bundestrainer, Vitko Kolev, der selbst erfolgreicher Sportakrobat war. Wenn man es nicht schon gewußt hat, kann man aus Samiras leidvoller Erfahrung lernen, daß der Sport mit dem Schleuderbrett Hochleistungsakrobatik ist. Schon einfache Salti vom Schleuderbrett erfordern viel Übung. Ich hatte Gelegenheit, den Weilernern beim Training zuzusehen und in einem Videofilm die Technik ihrer Sprünge zu studieren.

Das alte Hütchenspiel mit der Schleuderwippe kennen sie sicher. Bei diesem Gesellschaftsspiel werden bunte kegelige Hütchen mit einer ungleicharmigen Wippe (meist in der Form einer stilisierten Papphand) in ein Zielfeld katapultiert. Dort sind zahlreiche Löcher mit verschieden hoher Punktzahl zu treffen, in denen die Hütchen nach einem halben Salto kopfüber steckenbleiben, falls man erfolgreich ist. Es geht selbstverständlich darum, möglichst viele Punkte zu sammeln. Schleuderbrett-Akrobatik scheint bei oberflächlicher Betrachtung nichts weiter als ein rund zwanzigfach vergrößertes Hütchenspiel zu sein. Statt der Hand setzen der oder die «Springer» die Schleuderwippe durch einen angemessenen Sprung in Bewegung und katapultieren den «Flieger» auf der anderen Seite in die Luft. Je höher der Flieger fliegt, desto länger bleibt ihm Zeit zu kunstvollen Salti und Schrauben. Vor einem Salto muß der Flieger für die Vor- oder Rücklage zur Einleitung der Drehung beim Absprung selber sorgen. Bei genauerem Studium des Ablaufs findet man, abgesehen davon, daß die Schleuderwippen in der Akrobatik gleicharmig sind, bedeutsame Unterschiede zwischen der Schleuderbrett-Akrobatik und dem Hütchenspiel. Die Hütchen sind leicht, und die Papphand ist so steif, daß sie sich im Spiel nicht verbiegt. Beim Schleuderbrett hingegen ist die ela-

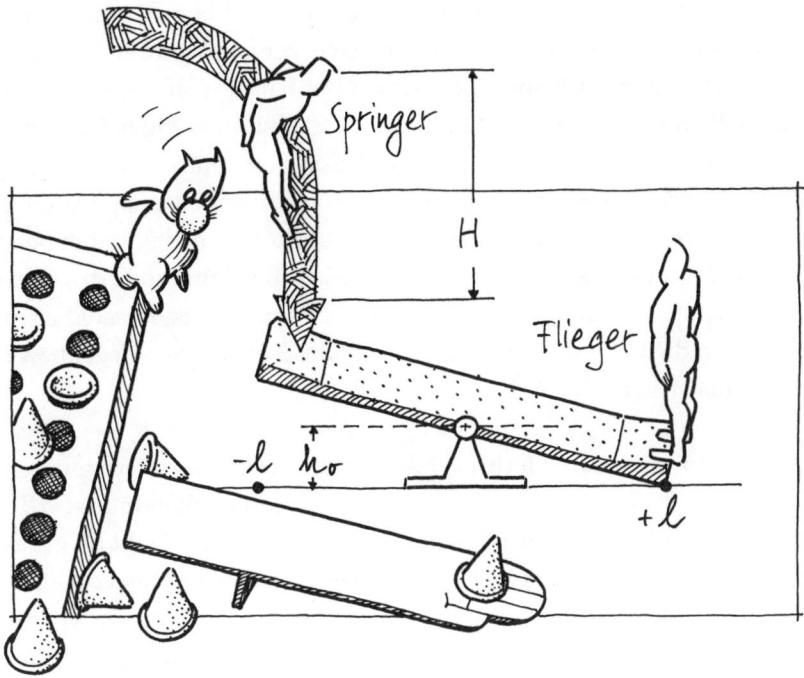

stische Verbiegung nicht zu übersehen, die es einem Federsprungbrett am Schwimmbecken ähnlicher macht als der steifen Kinderwippe. Die Verbiegung ist bei großen Kräften unvermeidlich, wenn die Wippe leicht sein soll, aber gleichzeitig zur Speicherung elastischer Energie unentbehrlich. Die Nachgiebigkeit der Wippe erhöht im übrigen den Komfort der Sportler und Artisten beim Aufsprung und beim Abflug.

Bei der weichen Landung des Springers auf dem Wippenbrett wird Energie gespeichert, die der Bewegung bei unelastischem Aufprall verlorenginge. In der Sporthalle ist das vielleicht von geringer Bedeutung, weil der Springer noch aus größerer Höhe springen könnte, aber im Zirkus stößt man leicht an Grenzen. Statt vom Turm zu springen, laufen professionelle Artisten daher von der Fliegerseite die Wippe hinauf, springen am Drehpunkt in der Mitte kräftig hoch, um mit Schwung auf der Springerseite zu landen. Reicht der Auftreffimpuls der Springer für die beabsichtigte Übung, zum Beispiel einen Doppelsalto, nicht aus, müssen weitere Artisten von der Seite her auf die Wippe drücken.

Einen großen Beitrag zur Flughöhe leistet der Flieger selbst durch aktiven Absprung. Der erfordert eine sehr genaue Koordination, weil zur Vorbereitung des Sprunges nur ein Zeitfenster von weniger als einer halben Sekunde bleibt. Der Flieger darf erst Schwung holen, wenn die Springer schon in der Luft sind. Im Startzeitpunkt (dem Augenblick, in dem der oder die Springer auf der ruhenden Wippe landen) muß er die Beine schon wieder ganz gestreckt haben, damit ihm beim Katapultstart die Knie nicht weich werden. Bis dahin muß er seinen Schwerpunkt auf hinreichend große Geschwindigkeit gebracht haben, während die Füße, die bei der Streckung des Körpers eine Gegenbewegung machen, noch auf der Wippe stehen.

Die raffinierte Schleuderbrett-Mechanik: Die Schleuderwippe ist, vom Standpunkt der technischen Mechanik betrachtet, ein in seiner Mitte (Punkt O) gelenkig gelagerter elastischer Balken (Länge 2ℓ), dessen Massenträgheit nur bei unbelasteter Wippe ins Gewicht fällt, wie man am Durchschwingen des Wippenbalkens nach dem Absprung des Fliegers er-

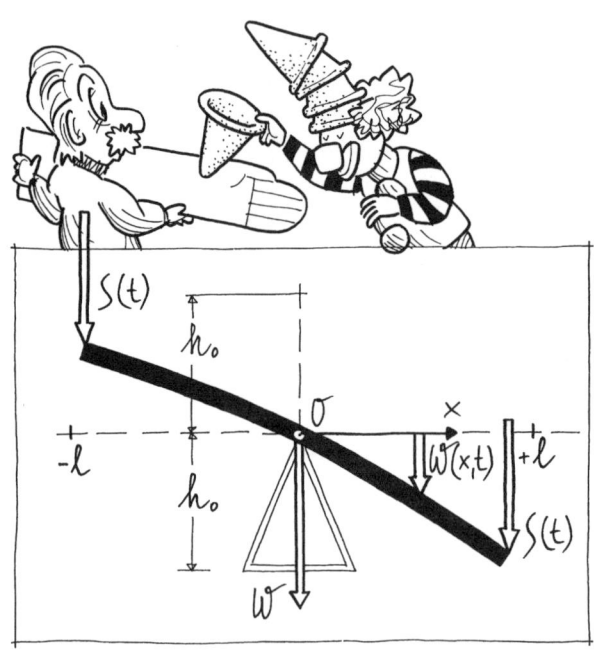

kennt. Bei belasteter Wippe ist die Trägheit des Wippenbalkens gegen die Trägheit des Springers und des Fliegers vernachlässigbar. Deshalb herrscht auch in der Bewegung in jedem Augenblick Gleichgewicht der Drehmomente. Das bedeutet bei gleicharmiger Wippe, daß der Springer und der Flieger an ihren Balkenenden dieselbe Stützkraft $S(t)$ ausüben, die eine noch zu bestimmende Funktion der Zeit t ist. Die Absenkung $w(x,t)$ des Wippenbalkens unter die Horizontale durch den Drehpunkt (kurz «Biegelinie») hängt in diesem (für die Baumechanik etwas ungewöhnlichen) Belastungsfall für $-\ell \leq x \leq +\ell$, das heißt für den ganzen Wippenbalken, in der folgenden Weise von der Koordinate x ab:

$$w(x,t) = \frac{S(t)\ell^3}{2B}\left(\frac{x}{\ell}\right)^2\left(1-\frac{1}{3}\left|\frac{x}{\ell}\right|\right) + \ell c(t)\left(\frac{x}{\ell}\right).$$

Die Konstante $B = E \cdot I$ ist die Biegesteifigkeit des Balkens gleich dem Produkt aus dem Elastizitätsmodul E (für Holz ungefähr $E = 2 \cdot 10^4 \, \text{N/mm}^2$) und dem Flächenträgheitsmoment I des Balkenquerschnitts ($I = bd^3/12$ für einen Rechteckquerschnitt der Breite b und der Dicke d). Die senkrechten Striche geben den Absolutbetrag an. Der erste Summand von w beschreibt die Biegung; bei verschwindender Last, $S = 0$, ist der Balken gerade. Der zweite Summand beschreibt das Kippen; $c(t)$ ist der Tangens des Kippwinkels gegen die Horizontalrichtung.

Die folgende Berechnung der Funktionen $S(t)$ und $c(t)$ ist langwierig. Aus der Newton'schen Bewegungsgleichung für den Springer der Masse M, der aufs linke Ende der Wippe ($x = -\ell$) springt, und den Flieger (Masse m), der am rechten Ende der Wippe ($x = +\ell$) steht, unter ihren Gewichten und der für beide gleichen Reaktionskraft $-S$, gewinnt man auf direktem Wege eine Schwingungsgleichung für die Kraftfunktion $S(t)$,

$$\ddot{S} + \Omega^2 S = C,$$

mit der Kreisfrequenz $\Omega = \sqrt{\dfrac{3B}{2\mu\ell^3}}$ der Biegeschwingung und der rechten Seite $C = \dfrac{3Bg}{\ell^3}$. Darin ist ($\mu = Mm/(M+m)$) die u.a. aus der Himmelsmechanik bekannte «reduzierte Masse». Die zwei übergesetzten Punkte bedeuten, wie üblich, die zweite Ableitung nach der Zeit. Für den Tangens des Kippwinkels, $c(t)$, folgt entsprechend

$$\ddot{c} = \lambda S$$

mit der Konstante $\lambda = \dfrac{m-M}{2\ell mM}$. Wenn aus der ersten Gleichung $S(t)$ bestimmt ist, kann aus der zweiten $c(t)$ gewonnen werden. Die Lösungen werden durch die Anfangsbedingungen eindeutig bestimmt. Der Springer startet seine Bewegung auf der Wippe zur Zeit $t=0$ bei $w(-\ell) = -h_0$ mit der Geschwindigkeit $\dot{w}(-\ell) = U = \sqrt{2gH}$, die er nach dem freien Fall durch die Höhendifferenz H hat. Der Flieger steht anfangs bei $w(+\ell) = +h_0$, nachdem er Schwung geholt und seinen Schwerpunkt auf die Geschwindigkeit $\dot{w}(\ell) = -v_0$ gebracht hat. Daraus lassen sich entsprechende Anfangsbedingungen für S und c bestimmen, mit deren Hilfe sich die folgenden Lösungen ergeben:

$$S(t) = 2\mu g \left(1 + \frac{\sin(\Omega t - \varphi)}{\sin\varphi}\right)$$

mit der Konstante φ, deren $\cot\varphi = \dfrac{U-v_0}{2g}\Omega$ ist, und

$$c(t) = \frac{h_0}{\ell} - \frac{MU + mv_0}{(M+m)\ell}t - \frac{M-m}{M+m}\frac{gt^2}{2\ell} + \frac{M-m}{2mM}\frac{S(t)}{\ell\Omega^2}.$$

Das Ergebnis sieht komplizierter aus, als es ist. Der Neigungstangens $c(t)$ hängt außer von der Anfangsneigung h_0/ℓ der Wippe von den Startgeschwindigkeiten V bzw. v_0 des Springers und des Fliegers sowie deren Massen M und m ab. Bei gleichen Massen ($M=m$) haben weder die Schwerebeschleunigung g noch die Biegekraft S Einfluß auf c.

Der Start des Fliegers: Der Flieger hebt ab, wenn die Stützkraft S verschwindet. Wir studieren im folgenden nur «kleine Sprünge», worunter solche zu verstehen sind, bei denen der Flieger die Wippe verlassen hat, ehe der Springer auf den Boden durchgeschlagen ist. Unter dieser Voraussetzung startet der Flieger zur Zeit $t_1 = (\pi + 2\varphi)/\Omega$, zu der die Funktion S ihre erste Nullstelle hat. In der Theorie muß man nachträglich prüfen, daß der Springer bis zu dieser Zeit noch nicht auf dem Boden aufgeschlagen ist, mit anderen Worten, die Höhe $\Delta = h_0 - w(-\ell, t_1) = h_0 + \ell c(t_1)$ des Springers über dem Boden muß beim Start des Fliegers noch größer als null sein. Die Starthöhe des Fliegers über dem Boden ist $z_0 = h_0 - w(+\ell, t_1) = h_0 - \ell c(t_1)$, seine Startgeschwindigkeit $\dot{w}(+\ell, t_1)$. Diese Funktionen aus den angegebenen Lösungen auszurechnen und ausführlich hinzuschreiben ist reine Fleißarbeit, die ich den Lesern ersparen möchte. Die Gipfelhöhe des Fliegers, die beim Hochsprung «Schwerpunktsüberhöhung» heißt, ist damit $h^* = z_0 + \dfrac{\dot{w}^2(\ell, t_1)}{2g}$.

Ein Beispiel: Angenommen, das Wippenbrett ist $2\ell = 3{,}00$ m lang, $b = 45$ cm breit und $d = 4{,}5$ cm dick. Mit dem oben angegebenen Elastizitätsmodul für Holz ist seine Biegesteifigkeit dann $B = 6{,}83 \cdot 10^4$ kg m^3/s^2. Wenn die Massen des Springers und des Fliegers $M = 75$ kg bzw. $m = 60$ kg betragen, ist ihre reduzierte Masse $\mu = 33{,}33$ kg und die Kreisfrequenz der Biegeschwingung $\Omega = \sqrt{\dfrac{3B}{2\mu\ell^3}} = 30{,}2$ s^{-1}. Die Geschwindigkeiten $U = 5{,}5$ m/s und $v_0 = 4{,}0$ m/s (entsprechend Sprunghöhen von 1,50 m bzw. 0,80 m) sind hoffentlich klein genug, die Wippe nicht durchschlagen zu lassen, bevor der Flieger startet. Zunächst berechnet man $\tan\varphi = 2g/(U-v_0)\,\Omega = 0{,}44$ und daraus den Startzeitpunkt $t_1 = (\pi + 2\varphi)/\Omega = 0{,}13$ s. Zu dieser Zeit ist der Springer noch $\Delta = 13$ cm über dem Boden und erfüllt die Voraussetzung (kein Durchschlag!). Die Wippe ist beim Abheben gestreckt, und damit hat der Flieger die Starthöhe $z_0 = 65$ cm. Seine Startgeschwindigkeit beträgt 5,81 m/s, womit er, die Starthöhe z_0 eingerechnet, die Gipfelhöhe $h^* = 2{,}34$ m erreicht. Die kleine Samira behauptete aber, drei Meter hochgeflogen zu sein. Entweder hat sie ein bißchen geflunkert, oder ich habe die Anfangsgeschwindigkeiten U und v_0 unterschätzt.

Fangball im Weltall

Können zwei Astronauten, die aus ihrem Raumschiff ausgestiegen sind und in seinem Gefolge die Erde umkreisen, miteinander Fangball spielen? Wattebällchen lassen sich im Orbit am besten werfen, aber im Zustand der sogenannten «Schwerelosigkeit» ziehen merkwürdige Kräfte den Ball aus seiner Bahn.

Die Entdeckung des Gravitationsgesetzes: Als Urheber der berühmten «Legende vom fallenden Apfel» nennt man François-Marie Arouet (1694–1778), der besser unter dem Namen Voltaire bekannt ist. Isaac Newton (1643–1726) habe sich von 1665 bis 66 auf der Flucht vor der in London herrschenden Pest bei seiner Mutter auf dem Land in Woolsthorpe aufgehalten: «Isaac saß im Garten und dachte über das Weltgebäude nach. Da sah er einen Apfel fallen. Er fragte sich: Wie weit reicht die Kraft der Erde in den Luftraum hinaus? Und er kam zu dem Schluß, daß auch der Mond noch unter der Macht der Gravitation der Erde stehen müsse. Und sogleich habe er auch das Gesetz gefunden, das die Ausmaße der Anziehungskraft angibt.»

Erdsatelliten: 50 Jahre später, nämlich 1715, beschrieb Newton in der zweiten Auflage seines Hauptwerkes «*Philosophiae naturalis principia mathematica*» (Mathematische Grundlagen der Naturwissenschaft) mit überzeugender Anschaulichkeit, wie er sich den Umlauf künstlicher Erdsatelliten unter der Wirkung der Gravitation vorstellte. Er gedachte, sie von einem hohen Berge in horizontaler Richtung abzuschießen. In dem Kapitel «Über das Weltsystem» liest man darüber: «Ein geworfener Stein wird, durch seine Schwere angetrieben, vom geradlinigen Weg abgebogen und fällt, indem er eine krumme Linie beschreibt, zuletzt auf die Erde. Wird er mit größerer Geschwindigkeit geworfen, fliegt er weiter, und bei wiederholter Vergrößerung der Geschwindigkeit könnte es geschehen, daß er einen Bogen von 1, 2, 5, 10, 100 oder 1000 Meilen beschriebe oder daß er schließlich über die Grenzen der Erde hinausginge und nicht mehr zurückfiele.» Erklärend fügte er hinzu: «Damit der Widerstand der Luft, durch den die Bewegung der Himmelskörper kaum verzögert wird, nicht ins Gewicht fällt, wollen wir uns die Luft ganz fortgenommen oder wenigstens ihren Widerstand als nicht vorhanden denken.»

In der Tat würde der Luftwiderstand in der unteren Atmosphäre ein Raumschiff bei der zu seinem Umlauf in Erdnähe erforderlichen Bahngeschwindigkeit von knapp 8 Kilometern pro Sekunde (oder annähernd 30000 km/h) rapide abbremsen und zum Verglühen bringen wie eine Sternschnuppe. Bei der Geschwindigkeit von 7,91 km/s eines erdnahen Satelliten beträgt die Bewegungsenergie 8,69 Kilowattstunden pro Kilogramm Masse. Das ist, wie aus Newtons Beschreibung klar wird, ein Vielfaches der Energien von Geschossen aus Pistolen und Gewehren oder sogar von Granaten aus weitreichenden Kanonen.

In einer Umlaufbahn: Seit Raumlaboratorien (spacelabs) die Erde umkreisen, haben wir uns daran gewöhnt, diese rasante Bewegung im freien Fall um die Erde als einen Zustand von «Schwerelosigkeit» zu bezeichnen. Offenbar drückt, wenn alle Körper gleichzeitig frei fallen, keiner mehr durch sein Gewicht auf einen anderen, nicht anders, als wenn die Schwerkraft gar nicht da wäre. In Wirklichkeit ist aber das nach Newtons Gravitationsgesetz durch die Massenanziehung der Erde verursachte Gewicht eines Körpers in 100 km Höhe nur 3% kleiner als auf dem festen Erdboden. Was sind schon 100 km im Vergleich zu den 6370 km Länge des Erdradius?

Versetzen wir uns nun in die Rolle von zwei Astronauten, die in einer Umlaufbahn aus ihrem Raumschiff ausgestiegen sind und mit ihm die Erde umkreisen! Sie haben sich damit selbst zu Satelliten der Erde gemacht, zu Spielbällen ihrer Anziehungskraft, falls sie sich nicht mit so starken Raketenmotoren ausgerüstet haben, daß sie sich aus der Zwangsjacke der Erdschwere befreien können. Ohne eigenen Antrieb bewegen sie sich zwangsläufig so, wie die Keplerschen Planetengesetze es vorschreiben. Um dem Raumschiff in festem Abstand folgen zu können, müssen die zwei schon beim Aussteigen bemüht sein, genau auf dessen Umlaufbahn zu bleiben. Auf einer höheren Bahn würden sie nach dem dritten Planetengesetz (siehe unten!) immer weiter hinter dem Raumschiff zurückbleiben oder in einer tieferen Bahn ihm entsprechend vorauslaufen.

Fangball: Stellen wir uns zuerst vor, daß die Astronauten aus geringer Distanz von nur 10 oder 20 Metern miteinander Ball spielen wollen. Halten Sie das für möglich? Selbstverständlich! Aber Vorsicht: Jedesmal, wenn Sie einen Ball werfen oder fangen, erfahren Sie einen Rückstoß, der um so stärker ist, je größer die Masse des Balles ist. Der hin- und hergehende Ball bewirkt eine «Abstoßungskraft» zwischen den Spielern, die sie mit zunehmender Geschwindigkeit auseinanderdriften läßt. Ballspiel im Weltraum ist also höchstens für begrenzte Zeit möglich, bis die Spieler sich aus den Augen verlieren. Auf der festen Erde ist das nicht viel anders. In einer Variante des Versuchs stellt man die Ballspieler auf zwei leichte, leichtgängige Wagen, die in Fahrtrichtung hintereinanderstehen, und läßt sie einen schweren Ball hin- und herwerfen. Schwer muß der Ball weniger des Luftwiderstands wegen sein; vielmehr sorgt die Masse des Balles für kräftige Rückstöße, die ausreichen, die Wagen in Bewegung zu setzen, d.h. gegen die Reibung in den Lagern anzukommen und den Rollwiderstand der Räder zu überwinden. Die Astronauten, die außerhalb der Atmosphäre von solchen Widerständen frei sind, könnten ihr Spiel ebensogut mit Wattebällchen treiben, falls es ihnen Spaß macht. Ein Stück Watte bewegt sich im Weltraum nicht anders als ein massiver Körper, verursacht aber, im Unterschied dazu, beim Werfen oder Fangen keinen nennenswerten Rückstoß.

Die beiden Astronauten mögen sich einige hundert Meter voneinander entfernt haben, und der hintere von beiden werfe den Ball mit der Geschwindigkeit U (zum Beispiel $U = 20$ m/s) in Umlaufrichtung. Was beobachtet er, wenn der geringfügige Rückstoß ihn nicht nennenswert aus der Bahn wirft? Aus seiner Sicht erfährt der Ball außer der *Schwerkraft*, die nach dem Newton'schen Gravitationsgesetz umgekehrt proportional zum Quadrat des Abstandes vom Erdmittelpunkt abnimmt, die *Zentrifugalkraft* infolge der Drehung des mit dem Satelliten verbundenen Beobachtersystems um den Erdmittelpunkt und drittens die *Corioliskraft* infolge der Eigengeschwindigkeit des Balles relativ zum Satellitensystem. In einer Umgebung von nur einigen Kilometern um den Astronauten und in bezug auf ein in ihm ruhendes cartesisches Koordinatensystem x, y läßt sich die zusätzliche Bewegung des Balles näherungsweise durch die Differentialgleichungen

$$\ddot{x} = 2\Omega\dot{y}$$

$$\ddot{y} = -2\Omega\dot{x} + 3\Omega^2 y$$

beschreiben. Darin ist Ω die Kreisfrequenz des Satelliten, die mit seiner Umlaufzeit durch $T = 2\pi/\Omega$ zusammenhängt, die übergesetzten Punkte bedeuten Zeitableitungen. Man erkennt in den zu den Geschwindigkeitskomponenten $\dot{x}$ und $\dot{y}$ proportionalen Beschleunigungen die Corioliskraft. Der dritte Term rührt zu einem Drittel von der

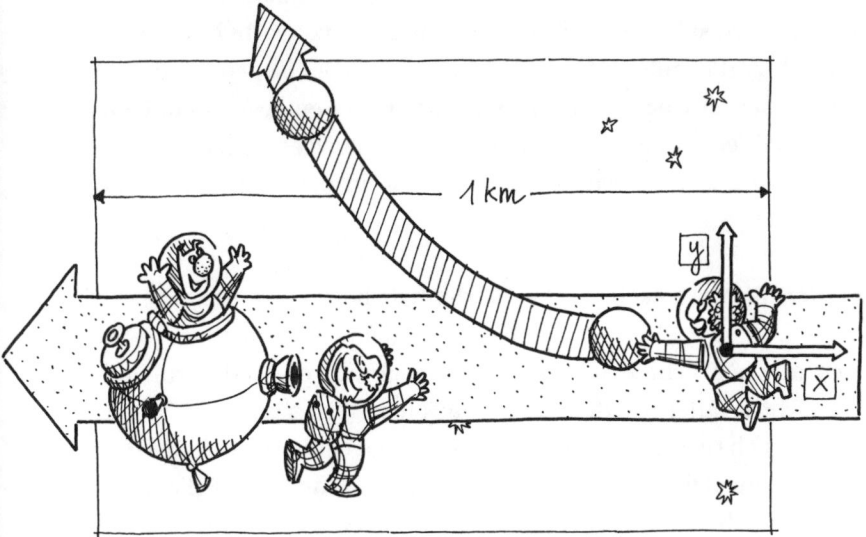

Zentrifugalkraft, zu zwei Dritteln von der Gravitation her. Die Kreisfrequenz $\Omega = g^{1/2} R (R+h)^{-3/2}$ hängt offenbar nur von der Schwerebeschleunigung an der Erdoberfläche ($g = 9{,}8\,\mathrm{m/s^2}$), dem Erdradius ($R = 6370\,\mathrm{km}$) und der Höhe h des Satelliten ab. Bei $h = 100\,\mathrm{km}$ beträgt die Umlaufzeit $T = 86{,}4$ Minuten. Für einen Wurf in Umlaufrichtung mit der Geschwindigkeit U sind die Anfangsbedingungen zur Anfangszeit $t = 0$: $x(0) = y(0) = 0$; $\dot{x}(0) = -U$, $\dot{y}(0) = 0$. Dazu findet man die Parameterdarstellung der Lösung

$$\frac{\Omega x(t)}{U} = 3\Omega t - 4 \sin \Omega t$$

$$\frac{\Omega y(t)}{U} = 2\,(1 - \cos \Omega t),$$

die eine Schleifenbewegung des Balles in Form einer verlängerten Zykloide beschreibt. Statt auf kürzestem Wege zum Partner zu fliegen, wird der Ball nach oben abgelenkt. Bei einer Abwurfgeschwindigkeit von $U = 20\,\mathrm{m/s}$ (was hier unten auf der Erde beim Abwurf unter dem Winkel 45° vom Boden aus, ohne Luftreibung gerechnet, einer Wurfweite von 40 m entspräche) weicht die Bahn nach 180 m schon 2 m nach oben ab. Bis zu dieser Entfernung läßt sich übrigens die Bahnkurve des Balles durch die einfachere Formel $y = (\Omega/U) x^2$ annähern. Nach rund 8 Kilometern kehrt der Ball sogar um und fliegt etwa 18 Minuten nach dem Abwurf in einer Höhe von über 23 km in der Gegenrichtung über den Werfer hinweg. Beim Rückwurf des Balles entgegen dem Umlauf des Satelliten ist eine ganz entsprechende Bewegung nach unten zu beobachten. Zur Berechnung ersetzt man in den obigen Formeln U durch $-U$.

Keplers drittes Gesetz: Die rückläufige Bewegung eines geworfenen Balles, die man vom umlaufenden Satelliten aus beobachtet, würde ein in bezug auf die Erde «ruhender» Beobachter anders deuten. (Ich meine einen Weltenbummler, der, falls das möglich ist, die Erde auf ihrem jährlichen Umlauf um die Sonne begleitet, ohne dabei die Erde zu umkreisen oder an ihrer täglichen Umdrehung teilzunehmen.) Wenn er die ganze Welt, das heißt einen Bild-

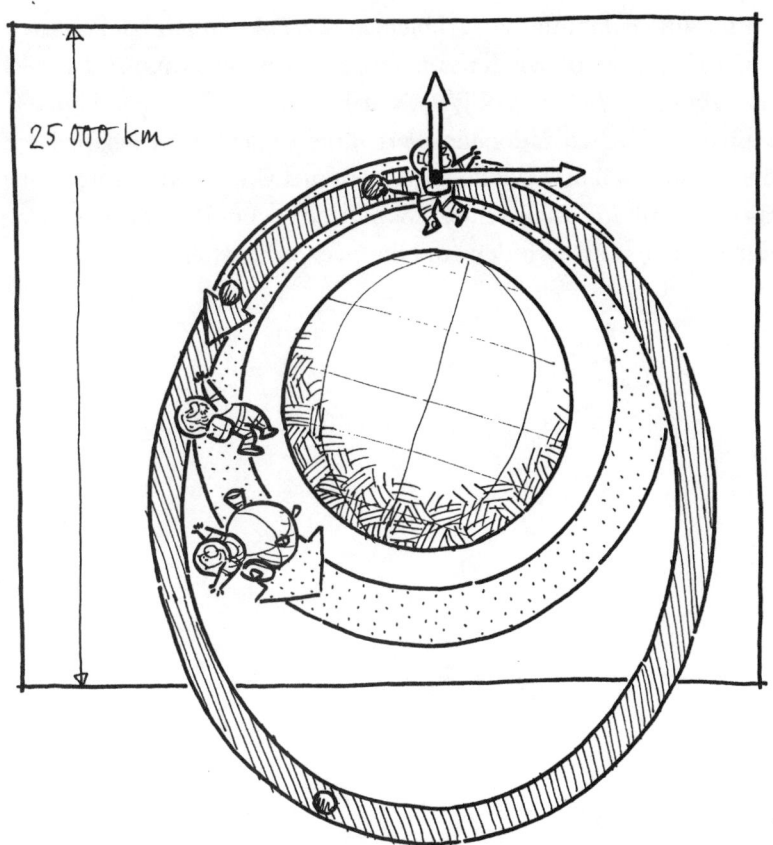

ausschnitt von mehr als 10 000 Kilometern Durchmesser, in einem Blick hätte, würde er den Ball beim Abwurf in Umlaufrichtung von der Kreisbahn des Satelliten auf eine etwas größere Ellipsenbahn um die Erde gehen sehen. Beim Abwurf hat der Ball zusätzliche Energie bekommen und kann nicht auf dem alten Bahnkreis bleiben. Daher sieht ihn der Werfer nach oben ausweichen. Nun besagt Keplers drittes Planetengesetz, «*daß die Proportion, die zwischen den Umlaufzeiten zweier Planeten besteht, genau das Anderthalbfache der Proportion der mittleren Abstände, d.h. der Bahnen selber, ist*» (Johannes Kepler, «Weltharmonik», 1619). Anders gesagt: Das Quadrat der Umlaufzeit T eines Satelliten wächst mit der dritten Potenz der großen Halbachse a seiner Bahnellipse: $T^2 \sim a^3$. Da der Ball zum Umlauf länger braucht als das Raumschiff, muß er dahinter zurückbleiben. Zwar kommen beide nach einem vollen Umlauf wieder zum Ausgangspunkt zurück, aber nicht gleichzeitig. Nur in dem ungewöhnlichen Fall, daß ihre Umlaufzeiten in einem einfachen rationalen Verhältnis stehen (zum Beispiel 4:3), könnten sich Ball und Werfer nach mehreren Umläufen wieder treffen. Das ist so gut wie ausgeschlossen. Bälle, die vom Partner einmal verfehlt werden, verschwinden auf Nimmerwiedersehen.

Eine Ente auf dem Teich

Oberflächlich betrachtet ähnelt das Wellenmuster einer Ente, die über den Teich paddelt, dem Machschen Kegel eines Überschallflugzeuges. Während der Machkegel aber um so schlanker wird, je rascher das Flugzeug fliegt, hat der «Kelvinkeil» hinter der Ente immer den Öffnungswinkel 38 Grad 56 Minuten, wie schnell die Ente auch schwimmt.

Schwerewellen: Wellen auf der Oberfläche des Wassers sind von ganz anderer Art als Wellen in elastischen Körpern, zum Beispiel Verdichtungswellen in der Luft, die wir in einem großen Frequenzbereich als Schall wahrnehmen. Wasser läßt sich nur schwer zusammendrücken, aber mühelos verformen. Wenn wir darin rühren, kehren die Teile des Wassers nicht an ihre ursprünglichen Orte zurück. Das ist gut so. Wie könnten wir sonst Flüssigkeiten mischen, zum Beispiel die Milch im Kaffee verrühren? Schwingungen der Wasseroberfläche, wie sie durch einen geworfenen Stein ausgelöst werden, bleiben nicht in der Umgebung der Entstehungsstelle, sondern breiten sich im Zusammenspiel von Trägheit und Schwere des Wassers wellenartig über die Oberfläche aus: als Schwerewellen. Die Wellenbewegung ist außer in der unmittelbaren Umgebung des Steines nur bis zu geringer Tiefe im Wasser spürbar, und das Wasser strömt als unzusammendrückbares Fluid alles andere als «wellenartig». Seine Eigenschaften zwingen es, überall und augenblicklich den Hebungen und Senkungen der Oberfläche bzw. den durch sie verursachten Druckschwankungen zu folgen. Der verwickelte Zusammenhang zwischen Wasserströmung und Wel-

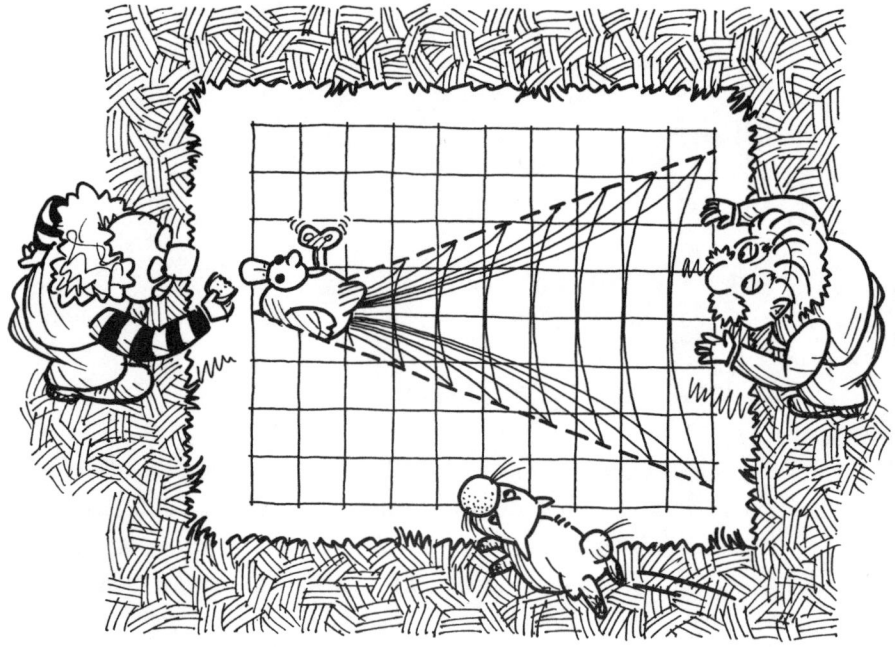

lenausbreitung läßt sich nur mit verhältnismäßig großem mathematischem Aufwand erklären. Glücklicherweise steckt aber alle nötige Information zur Beschreibung der Kinematik des Wellenfeldes in hinreichend großem Abstand von seinem Ursprung in einem einzigen Gesetz, dem Dispersionsgesetz der Wellen. Darunter versteht man den Zusammenhang zwischen der Wellenlänge λ (oder Wellenzahl k) einer Welle und ihrer Phasengeschwindigkeit, mit der sich ausgezeichnete Stellen der Welle (zum Beispiel Wellenberge) fortbewegen. Um das Dispersionsgesetz formulieren zu können, müssen wir ein paar Begriffe vorausschicken.

Phasengeschwindigkeit: Man zerlegt die Oberflächenwelle in harmonische Wellen, die zum Beispiel die Form $z = A \sin(kx - \omega t)$ haben. k heißt Wellenzahl, ω Kreisfrequenz, und $\varphi = kx - \omega t$ ist die Phase der Welle. Die Wellenzüge sind unendlich ausgedehnt. Ein raum-zeitlich begrenztes «Wellenpaket» entsteht durch Überlagerung solcher Wellen, indem sich die Wellen im Innern des Pakets verstärken und außerhalb des Pakets weitgehend durch Interferenz auslöschen. Schreitet man bei festgehaltener Zeit t

gerade um eine Wellenlänge λ in positiver x-Richtung fort, wächst die Phase um 2π. Also ist $k = 2\pi/\lambda$, oder die Wellenzahl ist das 2π-fache der Zahl der Wellen pro Längeneinheit. Sie ist mit Rücksicht auf die Periode 2π der Sinusfunktion so definiert. Entsprechend nimmt die Phase am festen Ort x während der Dauer τ einer Periode um 2π ab. Also ist $\omega = 2\pi/\tau$. Verfolgt man eine Phase um Δx im Raum und Δt in der Zeit, $\phi = k(x + \Delta x) - \omega(t + \Delta t) = kx - \omega t$, findet man die Phasengeschwindigkeit $\Delta x/\Delta t = \omega/k = c$.

Dispersion: Beim Entenproblem ist die Wassertiefe (in der Regel) viel größer als die Wellenlängen aller von der Ente erzeugten Wellen, und die Wellenlänge ist die einzige für den Vorgang charakteristische Länge. Durch Vergleich der physikalischen Dimensionen findet man, daß für Schwerewellen die Phasengeschwindigkeit (Dimension: Länge/Zeit) proportional zur Quadratwurzel aus der Wellenlänge λ wachsen muß. Die Theorie liefert etwas mehr: $c = \sqrt{g\lambda/2\pi}$ ($g = 9.8 \, \text{m/s}^2$ Schwerebeschleunigung). Der Zahlenfaktor $1/\sqrt{2\pi}$ läßt sich nicht mit Dimensionsargumenten erklären, kann aber außer theoretisch auch phänomenologisch (durch Messung) begründet werden. Lange Wellen laufen schneller als kurze und überholen sie, bei der vierfachen Wellenlänge sind sie doppelt so schnell. Im Gegensatz zu Schwerewellen breiten sich Schallwellen aller Frequenzen mit der gleichen Schallgeschwindigkeit aus. Sie haben keine Dispersion. Seien wir froh darüber! Wie würde Musik klingen, wenn die Bässe sich rascher fortpflanzten als Töne der mittleren Tonlagen oder im Diskant. Wäre Musik dann überhaupt möglich?

Gruppengeschwindigkeit: Wellen mit wohldefinierter Wellenlänge und Frequenz bilden unendlich lange Wellenzüge, die es in Wirklichkeit in dieser Form nicht gibt. Der Stein, der ins Wasser fällt, die Ente auf dem Teich – sie erzeugen Wellengruppen, die aus einem Spektrum von Wellen verschiedener Wellenlängen bestehen. Für ihre Ausbreitung ist nicht die Phasengeschwindigkeit c, sondern die Gruppengeschwindigkeit C verantwortlich, die die Ausbreitungsgeschwindigkeit der Energie ist. Eine einfache Betrachtung, die schon auf Stokes zurückgeht, macht die Gruppengeschwindigkeit

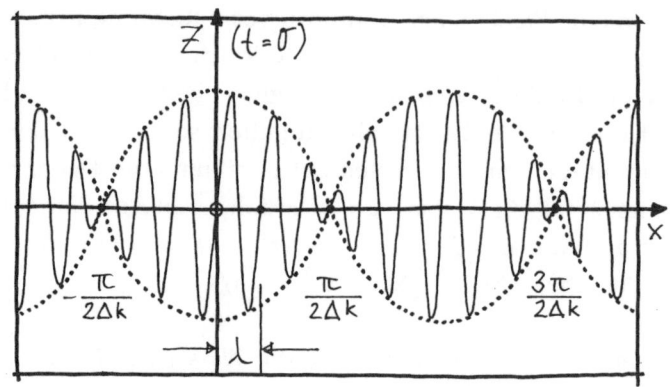

plausibel. Die Überlagerung zweier Sinuswellen gleicher Amplitude A, aber etwas unterschiedlicher Wellenzahlen $k + \Delta k$ bzw. $k - \Delta k$ (Δk klein gegen k) liefert nach Entwicklung von $\omega(k \pm \Delta k) \approx \omega(k) \pm \Delta k \frac{d\omega}{dk}$ und trigonometrischer Umformung die amplitudenmodulierte Welle

$$z = 2A \cos\left[\Delta k \left(x - \frac{d\omega}{dk} t\right)\right] \sin\left[k(x - ct)\right].$$

Während der hochfrequente Sinus (Wellenzahl k) sich mit der Phasengeschwindigkeit c ausbreitet, bewegt sich der umhüllende niederfrequente Cosinus, der die Amplitude bestimmt (Wellenzahl Δk klein gegen k, Wellenlänge entsprechend groß) mit der Gruppengeschwindigkeit $C = d\omega/dk$. Für Schwerewellen mit $\omega(k) = c(k)\, k = \sqrt{gk}$ ergibt sich die Gruppengeschwindigkeit als gerade halb so groß wie die Phasengeschwindigkeit: $C = c/2$. Die Welle tritt auf der Wasseroberfläche nur dort in Erscheinung, wo ihre Amplitude groß genug ist. Die vereinfachte Begründung der Gruppengeschwindigkeit durch Überlagerung von nur zwei harmonischen Wellen täuscht vor, daß sich solche Bereiche der Welle periodisch bis ins Unendliche wiederholen. Für ein Spektrum von Wellen, wie sie von der Ente ausgehen, konzentriert sich die Energie auf einen kleinen Bereich.

Stationäre Wellen: Die von der Ente erzeugten Wellen unterscheiden sich um so weniger von den Wellen einer punktförmigen Störung der Wasseroberfläche, je weiter sie sich von ihrem Ursprung entfernen, und so werden wir sie beschreiben. Durch Dispersion entmischen sich die Wellen der verschiedenen Wellenlängen (oder Wellenzahlen) bei der Ausbreitung so, daß wir an einer Stelle im wesentlichen nur Wellen einer Wellenlänge antreffen. Wenn die Ente mit konstanter Geschwindigkeit geradeaus schwimmt, tragen zu ihrem Wellenmuster nur «stationäre» Wellen bei. Sie bilden, von der Ente aus gesehen, ein unveränderliches («eingefrorenes») Muster, das vom Wasser durchströmt wird. Wellenberge, die in die gleiche Richtung wie die Ente laufen, halten dann mit ihr Schritt, wenn ihre Pha-

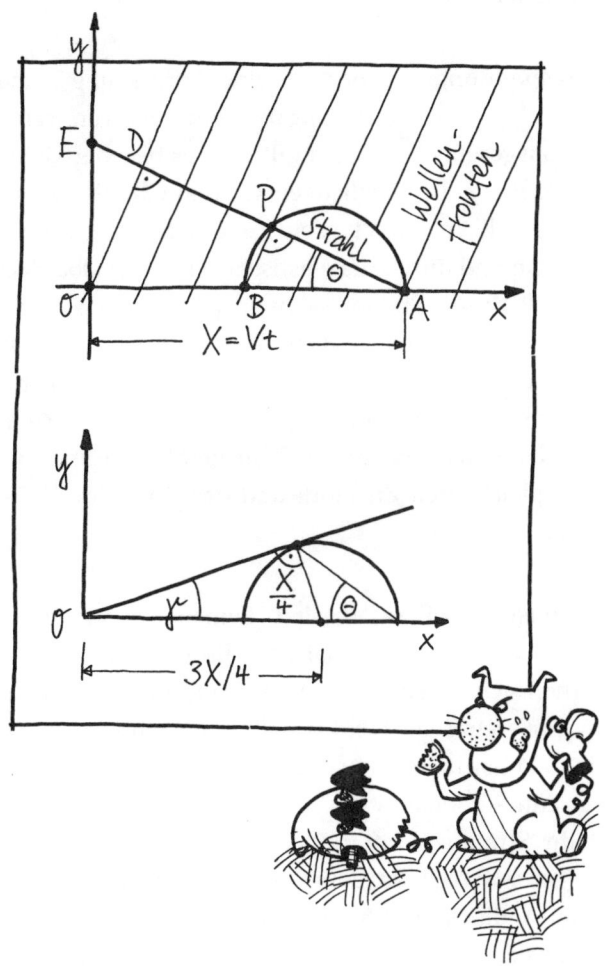

sengeschwindigkeit c gleich der Geschwindigkeit V der Ente ist. Für Wellen, die im Winkel Θ zur Bewegungsrichtung der Ente laufen, ist

$$V \cos \Theta = c$$

die Bedingung für eine stationäre Welle. Die Cosinusfunktion ist dem Betrage nach kleiner als (oder höchstens gleich) eins. Deshalb können Wellen nur stationär sein, die langsamer als die Ente (oder höchstens gleich schnell) sind. Die Situation entspricht dem Überschallflug. Merkwürdig ist, daß die Ente, wie langsam sie auch schwimmt, stets «Überschallschwimmerin» bleibt.

Oberflächenspannung: Hier muß eine Anmerkung gemacht werden. Nur bei reinen Schwerewellen, für die das Dispersionsgesetz $c = \sqrt{g\lambda/2\pi}$ gilt, gibt es beliebig kleine Phasengeschwindigkeiten c. In Wirklichkeit werden Oberflächenwellen, deren Wellenlängen kleiner als etwa ein Zentimeter sind, außer durch die Schwere zunehmend durch die elastische Kraft der Oberflächenspannung beeinflußt, die die Phasengeschwindigkeit bei kleiner werdender Wellenlänge wieder ansteigen läßt. Die kleinstmögliche Phasengeschwindigkeit c von Oberflächenwellen (bei der Oberflächenspannung des Wassers von 0,074 Newton pro Meter) beträgt 23,2 Zentimeter in der Sekunde. Paddelt die Ente langsamer, gerät sie in einen dem Unterschallflug vergleichbaren Zustand, und das stationäre Wellenmuster verschwindet.

Das Wellenmuster der Ente besitzt keinen bevorzugten Längenmaßstab. Es ist daher «selbstähnlich» und wiederholt sich vom Zentrum in der Ente aus, Wellenberg für Wellenberg, in größerem Maßstab. Deshalb brauchen wir nur die Kontur einer Welle zu konstruieren, um das ganze Feld zu haben. Wir betrachten eine zur Ente stationäre Welle, die sich vom Punkt A in Richtung Θ ausbreitet. Ihr Strahl verläuft in Richtung Θ, ihre Wellenfronten (oder -kämme) liegen senkrecht dazu. In der Zeit t, in der die Ente mit der Geschwindigkeit V die Strecke $X = Vt$ von A zum Ursprung O des Koordinatensystems x, y zurückgelegt hat, wäre sie bis zum Punkt D im

Abstand $ct = X\cos\Theta$ von A gelangt, wenn sie sich mit der Phasengeschwindigkeit c bewegt hätte. Die Energie der Welle läuft aber mit der Gruppengeschwindigkeit C, die nur halb so groß ist. Also treffen wir die Welle auf halbem Wege, im Punkt P. Wellenfront und Strahl durch P bilden mit der x-Achse des Koordinatensystems das rechtwinklige Dreieck ABP. Die stationären Wellen, die unter anderen Winkeln Θ von A ausgegangen sind, finden wir auf dem Rest des Thaleskreises durch A, B und P. Der Punkt P hat die Koordinaten

$$x = (X/4)(3-\cos(2\Theta))$$

$$y = (X/4)\sin(2\Theta).$$

Die Kontur der Welle durch den Punkt P findet man als die Kurve, die dort die Steigung $dy/dx = \cot\Theta$ hat. Die Lösung der Aufgabe liefert das sehr einfache Ergebnis $X = \ell\cos\Theta$, wobei ℓ konstant ist. Da ℓ die Strecke AE ist, haben wir nicht nur eine Parameterdarstellung für die Kurve gewonnen, sondern eine Methode, sie mit Zirkel und Lineal zu konstruieren! Man schlägt um A den Kreis mit dem Radius ℓ und findet E. Der Thaleskreis durch A und den Halbierungspunkt B schneidet die Gerade AE im Kurvenpunkt P. So findet man, Punkt für Punkt, die Wellenkontur. Sie besteht aus zwei Ästen, dem transversalen ($\cos\Theta > \sqrt{2/3}$) und dem zentralen ($\cos\Theta < \sqrt{2/3}$), die sich auf dem «Kelvinkeil» in einer Schnabelspitze treffen.

Den Keilwinkel $2\gamma = 38°56'$ findet man als das Doppelte des Winkels γ, den die Tangente vom Ursprung O in der Ente an die Thaleskreise der stationären Wellen mit der Bewegungsrichtung der Ente bildet ($\sin\gamma = 1/3$). Für den Winkel Θ ($2\Theta = \pi/2 - \gamma$) folgt $\cos\Theta = \sqrt{2/3}$ oder $\Theta = 35°16'$.

Die Geschwindigkeit der Ente hat zwar keinen Einfluß auf die Form des Wellenmusters, bestimmt aber den Abstand benachbarter Wellenberge. Aus der Bedingung $V\cos\Theta = c$ für stationäre Wellen folgt mit dem Dispersionsgesetz $c = \sqrt{g\lambda/2\pi}$ die Wellenlänge $\lambda = (V^2/g)2\pi\cos^2\Theta$, die um so kleiner wird, je größer der Winkel Θ ist und mit der Geschwindigkeit V zum Quadrat anwächst.

In der wissenschaftlichen Literatur heißt das vorliegende Problem «Kelvins Schiffswellenmuster». Viel häufiger als von Schiffen wird es aber von Enten auf einem Teich erzeugt und ist dort auch leichter zu beobachten.

Peitschenknall mit Überschall

Eine rätselhafte Augenverletzung: In den vierziger Jahren wurden mehrere Männer mit einer ungewöhnlichen Verletzung in die Göttinger Universitäts-Augenklinik eingeliefert. In ihren Augen fanden sich millimeterlange Stückchen dünnen Kupferdrahts, die ohne deutlich erkennbare äußere Verletzungen tief ins Augeninnere eingedrungen waren. Es stellte sich heraus, daß es sich bei den Patienten um Kutscher von Pferdefuhrwerken handelte. Damals waren sie auf den Straßen noch häufig anzutreffen. In der Anamnese gaben die Betroffenen an, daß sie für ihre Peitschen elektrische Leitungslitze als Peitschenschnur verwandt hätten.

Elektrolitze besteht aus einem Bündel dünner Kupferdrähte, und es lag auf der Hand, daß die kurzen Drahtstückchen sich beim Peitschenknallen vom Ende der Schnur abgelöst hatten. Rätselhaft war aber die hohe Geschwindigkeit (die Rede war von Überschall), mit der die Drähte als Projektile vom Schnurende fortgeschleudert worden sein mußten, um den Augapfel durchschlagen zu können. Ungeklärt blieben erst recht spezielle Fragen nach den Einzelheiten des Abschusses und der Fluglage der kleinen Geschosse auf ihrem Wege von der Peitsche ins Auge.

Da in Göttingen keine Erklärung des Phänomens zu bekommen war, wandte sich der Klinikdirektor, Professor Erggelet, hilfesuchend an die Herausgeber der Zeitschrift für Physik, die wiederum Professor Grammel in Stuttgart um die Lösung des Rätsels baten. Grammel griff auf eine ältere wissenschaftliche Arbeit eines gewissen Kucharski zurück, in der dieser, ohne an irgendeine praktische Anwendung zu denken, Seile mit «Knickstellen» (das heißt: mit scharfen Umlenkungen) studiert hatte. Der Verfasser hatte darin unter stark vereinfachenden Annahmen vorgerechnet, daß Knickstellen an einem gezogenen Seil mit wachsender Geschwindigkeit wandern, die am Ende sogar über alle Grenzen streben (mit anderen Worten: «unendlich werden») kann.

Die Kunst, eine Peitsche zu schwingen: Wer beim Peitschenschlagen zuschaut, gleichviel ob bei Bierkutschern, bei den Goisl-Schnalzlern zur Begleitung bayerischer Volksmusik oder bei der Alemannischen Fasenacht, gewinnt nicht den Eindruck, daß Peitschenknallen etwas mit Knickstellen an gezogenen Seilen zu tun habe. Der Peitschenschwinger führt den Peitschenstiel zum Ausholen am Körper vorbei nach hinten. Die Schnur folgt der Hand über dem Kopf ungefähr auf dem vom Schnuransatz am Peitschenstiel vorgezeichneten Weg (in genügendem Abstand vom Körper, damit der Peitschenschwinger sich mit der langen Peitschenschnur nicht aus Versehen selber trifft). Zum Peitschen schlägt er den Stiel in der Gegenbewegung um ein Mehrfaches schneller nach vorn und stoppt plötzlich die Hand. Die Peitschenschnur, die der Hand gefolgt war, schießt über ihren Ansatz am Stiel hinaus und wird am Peitschenstiel in einem engen Bogen umgelenkt. Der zur Ruhe gebrachte umgelenkte Teil wird immer länger, und die Bewegungsenergie konzentriert sich auf ein immer kürzeres Stück der Schnur. Offenbar ist die Energiekonzentration am Ende der Peitschenschnur (und damit die Geschwindigkeit des Schnurendes) um so größer, je enger der Umlenkbogen gemacht werden kann, aber der Verkleinerung des Krümmungsradius setzt die Steifigkeit der Schnur eine Grenze. Die Bewegung läßt sich wegen der begrenzten Reichweite des Armes nur unvollkommen ausführen, obwohl die Hand durch den Peitschenstiel künstlich verlängert ist. Dennoch scheint das einfache Gedankenmodell das Peitschenschlagen im wesentlichen zutreffend zu beschreiben.

Der rasante Spurt der Peitschenschnur: Man darf voraussetzen, daß die Peitschenschnur sich nicht dehnt. Obwohl viele Peitschen zur Verstärkung des Effekts

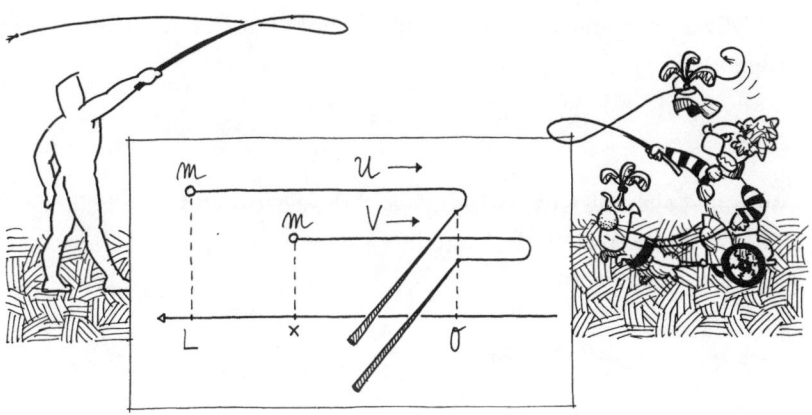

Schnüre haben, die am Stiel dicker sind als am losen Ende, wird hier zur Vereinfachung eine Schnur konstanter Dicke vorausgesetzt. Sie habe die Länge L und die Masse M. An ihrem Ende befinde sich ein Knoten der Masse m. Im Peitschenschlag bewegt sich die Schnur mit der Geschwindigkeit U geradlinig (im Bild nach rechts), bis der Peitschenstiel mit dem Schnuransatz auf einem kleinen Bogen von vernachlässigbarer Länge umgelenkt wird und (an der Stelle O) – im Modell augenblicklich, in Wirklichkeit nach sehr kurzer Zeit – zum Stillstand kommt. Anschließend wird von dort aus die ganze Schnur im Bruchteil einer Sekunde zur Ruhe gebracht.

Es wird vorausgesetzt, daß der Luftwiderstand keinen großen Einfluß auf die Bewegung hat (was bei hinreichend schwerer Schnur der Fall ist) und sich die Schnur während des Vorgangs unter ihrem Gewicht nur wenig senkt (wofür große Geschwindigkeit U eine hinreichende Voraussetzung ist), außerdem möge nur wenig Energie durch innere Reibung der Schnur bei der Umlenkung verlorengehen. Da der Peitschenstiel ruht, kann die Kraft an der Hand keine mechanische Arbeit zur Beschleunigung oder Verzögerung der Schnur leisten. Unter diesen Voraussetzungen bleibt die Bewegungsenergie der Schnur (das heißt die ihres bewegten Teils) näherungsweise konstant. Die Koordinate x (zwischen $-L$ und $+L$) gibt die momentane Lage des Endpunktes der Schnur an, und $(L+x)/2$ ist die Länge des im Augenblick noch bewegten Schnurteils, $V = -dx/dt$ seine Geschwindigkeit (das Minuszeichen rührt daher, daß x kleiner wird). Energieerhaltung bedeutet:

$$\frac{1}{2}(M+m)U^2 = \frac{1}{2}\left(M\frac{L+x}{2L}+m\right)V^2.$$

Damit läßt sich die Geschwindigkeit V des Schnurendes an beliebiger Stelle x zwischen $+L$ und $-L$ auf die Geschwindigkeit U des Peitschenschlags zurückführen:

$$V = \frac{U}{\sqrt{1+\frac{M}{2(M+m)}\left(\frac{x}{L}-1\right)}}.$$

Setzt man zur Kontrolle $x = L$ (die Anfangsbedingung) ein, ergibt sich $V = U$, wie es sein muß. Am Ende der Bewegung gilt $x = -L$, und es wird $V = \sqrt{\frac{M+m}{m}}\,U$. Für einen Knoten, der nur 1/100 der Schnur wiegt, ist zum Beispiel V zehnmal so groß wie U. Ohne Knoten ($m = 0$) wird die Endgeschwindigkeit V theoretisch ∞ groß. Wenn auch die unendlich große Geschwindigkeit (in der sich die, zumindest für das Ende der Bewegung, zu weit gehenden Vereinfachungen zeigen) physikalisch unrealistisch ist, macht das Ergebnis doch klar, daß sehr große Geschwindigkeiten auftreten können. Dadurch werden die großen Kräfte am Ende der Schnur plausibel, die Drahtstücke absprengen und wie Geschosse abschießen können. Unmittelbar nach dem Höhepunkt mit dem Peitschenknall kommt die Peitschenschnur zur Ruhe (im Gedankenmodell! – die wirkliche Peitschenschnur fällt selbstverständlich anschließend durch ihr Gewicht nach unten). Man muß sich fragen, wo die Energie geblieben ist.

Grammel und Zoller haben ihrer Beschreibung des Vorgangs ein anderes Bezugssystem zugrundegelegt, in dem die Schnur anfangs ruht und der Schnuransatz zum Peitschenschlagen mit konstanter Geschwindigkeit U nach links bewegt wird. In diesem System gilt die Energieerhaltung nicht, weil die Hand Arbeit an der gespannten Peitschenschnur leistet. Dadurch wird die Rechnung umständlicher. Sie ließe sich aber auf ungleichförmige Bewegungen der Peitschenschnur verallgemeinern.

Der Peitschenknall: Wie entsteht der Peitschenknall, und ist Überschallgeschwindigkeit zu seiner Erzeugung nötig? Lassen sich aus dem Schallsignal Rückschlüsse auf seine Entstehung ziehen? Zwei Hypothesen liegen nahe. Entweder entsteht am freien Ende der Peitschenschnur ein Zentrum hohen Drucks, der sich in einer kugelförmigen Stoßwelle entlädt wie bei der Explosion eines Zündplättchens oder einer Platzpatrone. Oder das freie Ende der Peitschenschnur bewegt sich selbst kurzzeitig mit Überschallgeschwindigkeit ähnlich wie ein Geschoß oder ein Überschallflugzeug, und der Peitschenknall ist die von der Spitze des Projektils ausgehende Mach'sche Kopfwelle. Eine Theorie der Schallerzeugung im Peitschenschlag gibt es nach meiner Erkenntnis noch nicht. Zur Erklärung ist man auf Beobachtungen angewiesen.

Die Entstehung eines Peitschenknalls am besten sichtbar gemacht haben Bernstein, Hall und Trent in ihrem Aufsatz aus dem Jahre 1958, überschrieben «On the Dynamics of the Bull Whip», dessen Titel sachgemäß «Über die Dynamik einer Hirtenpeitsche» übersetzt werden kann. Der genannte Aufsatz bringt überzeugende Bilder vom Peitschenknallen, die mit einer Hochgeschwindigkeitskamera bei 4000 Bildern pro Sekunde aufgenommen wurden. Eine Theatertruppe («Los Larabees») hatte dazu die Peitsche professionell geschwungen. Einige meiner Kollegen bedienen sich einer ungarischen Hirtenpeitsche, um in ihren Vorlesungen über Mechanik oder Gasdynamik, aus unterschiedlichen Beweggründen, den Peitschenknall vorzuführen.

Bevor ich die Bilder kommentiere, muß ich die benutzte Peitsche beschreiben, die für derlei Peitschen charakteristisch ist. Abgesehen vom Peitschenstiel (hier sehr kurz, daher «Handgriff» genannt), besteht sie aus der eigentlichen Peitschenschnur aus geflochtenem Leder (die im vorliegenden Beispiel mit 3 Meter 70 besonders lang ist), einem kurzen Anhang aus gerolltem Leder und daran anschließend dem «Knaller», der aus einem Stück Schnur mit einer lockeren Quaste am Ende besteht. Die Beschreibung macht deutlich, daß vielfältige Erfahrung sich zu einer komplexen Konstruktion verdichtet hat, deren physikalische Erklärung nicht einfach sein dürfte.

Drei Momentaufnahmen, die wir nur vereinfacht nachzeichnen können, zeigen das freie Ende der Peitschenschnur mit einer Quaste

kurz vorm und beim Überschlagen. Auf den Schattenbildern erkennt man in der Luft die Stoßwellen, die sich von den einzelnen Fasern der Quaste ablösen. Da die hinteren Wellen schneller als die vorderen laufen, holen sie die vorausgehenden ein und bilden mit ihnen später die Kopfwelle, die als Knall wahrgenommen wird. Aus der Schwärzung der Photoplatte schließen die Verfasser auf ungefähr 1,3fache Schallgeschwindigkeit. Schneidet man den Knallkörper, den man in Bayern «Schmitz» und in der Schweiz «Geißelzwick» nennt, kurzerhand ab, bleibt der Knall aus. Warum? Das weiß man nicht genau. Die Erfahrung macht deutlich, wie wenig wir noch vom Peitschenknall verstanden haben.

Peter Krehl hat bei Experimenten zum Peitschenknall am Freiburger Fraunhofer-Institut für Kurzzeitdynamik am Zwick kurzzeitig Geschwindigkeiten bis Mach 2,19 und Beschleunigungen bis zum 50000fachen der Schwerebeschleunigung beobachtet. Dabei wird die kleine Zwickmasse von 370 mg «schwerer» als 190 N (Newton). Bis zum Abreißen des Zwicks von der Peitschenschnur (Festigkeit 1100 N) reicht das glücklicherweise noch nicht aus.

4. Mögliches und Unmögliches

Der Traum des Seglers bei Flaute

«Da lag der kleine Häwelmann mit offenen Augen in seinem Rollenbett und hielt das eine Beinchen wie einen Mastbaum in die Höhe. Sein kleines Hemd hatte er ausgezogen und hing es wie ein Segel an seiner kleinen Zehe auf; dann nahm er ein Hemdzipfelchen in jede Hand und fing mit beiden Backen an zu blasen. Und allmählich, leise, leise, fing es an zu rollen ...»

(aus Theodor Storms Märchen)

Begegnung auf dem Wasser: An einem heißen Augusttag kreuzte ich mit meinen Kindern in unseren Paddelbooten auf dem Edersee. Die Luft stand still über dem ruhigen Wasser und ließ die Segel der Jollen und Yachten schlaff und nutzlos in der Mittagssonne hängen. Auf dem Heck eines Segelschiffes, an dem wir vorbeipaddelten, stand gelangweilt ein Mädchen von etwa zehn Jahren. Übermütig rief ich dem Kind zu: «Du mußt in die Segel blasen.» Tatsächlich blähte die Kleine einen Augenblick lang die Backen, wie um ihr eigenes Boot voranzublasen. Aber dann warf sie mir einen vorwurfsvollem Blick zu, als wollte sie sagen: Das geht nicht, du willst dich über mich lustig machen. Geht es wirklich nicht? Darüber kamen wir ins Grübeln.

Provozierende Frage: Kann ein Segler sein Schiff vorwärtsblasen, indem er vom Heck aus nach vorn in die Segel bläst? Das mag der Traum jedes Seglers bei Windstille sein. Ist es aber möglich, oder stand der Baron von Münchhausen Pate, der in seinem

Lügenmärchen behauptete, er habe sich in seiner Not am eigenen Schopf aus dem Sumpf gezogen? Es geht um die Frage, ob «automobiles» Segeln grundsätzlich möglich ist oder einem Naturgesetz widerspricht, nicht darum, ob die eigene Lungenkraft zum Antrieb eines Segelschiffs ausreicht. Und noch eine Bemerkung: Segler, die sich vom Wind antreiben lassen, richten die Besegelung ihres Schiffes selbstverständlich danach, woher der Wind kommt und wie stark er bläst. Mit gleichem Recht muß es dem Segler, der seinen Wind selber machen möchte, gestattet sein, sein Segel nach Gutdünken zu gestalten.

Widersprechende Voraussagen: Da niemand je eine Crew gesehen hat, die ihr eigenes Segelschiff vorwärtsblies, ist die Meinung verbreitet, das sei unmöglich. Auch mancher Ingenieur, der sich mit Strömungen auskennt, stimmt in diesen Kanon ein. Und Physiklehrer äußern sich mit Skepsis, die sie so begründen: Wenn der Segler nach vorn blase, wirke sein Atemstrom wie ein Düsenstrahl in der falschen Richtung, der dem Boot und ihm selbst einen Schub nach hinten gebe. Drücke der Luftstrahl mit der gleichen

Kraft gegen das Segel, bleibe alles in Ruhe. Man könne ebensowenig ein Schiff dadurch antreiben, daß man gegen den Mast drücke. Erfolgreicher waren die Zuschauer einer Fernsehsendung («Knoff-hoff-Show» im ZDF), denen wir die Frage als Preisfrage stellten. Weniger von Fachwissen behindert, lösten sie das Problem mit «gesundem Menschenverstand»: Hätte es Sinn, eine so provozierende Frage im Fernsehen zu stellen, wenn die richtige Antwort darauf die wäre, die man sowieso erwartet? So nimmt es nicht wunder, daß auf den Tausenden von Postkarten, die bei der Redaktion der Fernsehanstalt eingingen, mit wenigen Ausnahmen die richtige Lösung stand.

Praktische Antwort: Die Lösung lautet also: Man kann sein eigenes Boot vorwärtsblasen – jedenfalls im Prinzip. Daß die Atemluft nicht mit dem natürlichen Wind konkurrieren kann, liegt auf der Hand. Zur Demonstration haben wir ein kleines Schiff gebaut, das wir kurz «Blaseboot» getauft haben, mit einem ungefähr 80 cm langen Rumpf und einer Art Wikingersegel, das wir noch genauer beschreiben werden. Statt mit Luft, die man nicht sehen kann, die wegen ihrer geringen Dichte auf hohe Geschwindigkeit gebracht werden muß, damit der Strahl ausreichend Schub liefert, und die auf dem Weg von der Düse zum Segel durch turbulente Vermischung mit der Außenluft einen großen Impulsverlust erleidet, wird das Schiff mit Wasser angetrieben. Zwei batteriegespeiste, selbstansaugende Zahnradpumpen im Rumpf saugen durch Öffnungen im Schiffsboden Wasser aus dem Bassin an und speien es durch zwei Düsen mit scharfem Strahl nach vorn aus. Das «Segel», aus Blech gebogen, damit es dem Wasserstrahl widersteht, ist an beiden Seiten rechts und links ähnlich wie die Schaufeln einer Pelton-Turbine geformt. Das zurückgewölbte Blech lenkt die Wasserstrahlen schräg nach hinten neben dem Schiff ins Bassin zurück. Die Umlenksegel müssen außen am Schiffsbord sein, weil Wasser, das aufs Schiffdeck zurückfällt, für den Antrieb verloren ist. Da das Schiff mit nur einem seitlichen Antrieb im Kreis fahren würde, sind Strahlantriebe und Umlenksegel auf beiden Seiten nötig. Wir haben sogar die Rohre, die von den Pumpen zu den Düsen führen, mit einem Druckausgleich versehen, um die beiden Strahle möglichst gleichstark zu machen. Die Ansaugöffnungen liegen am Schiffsboden,

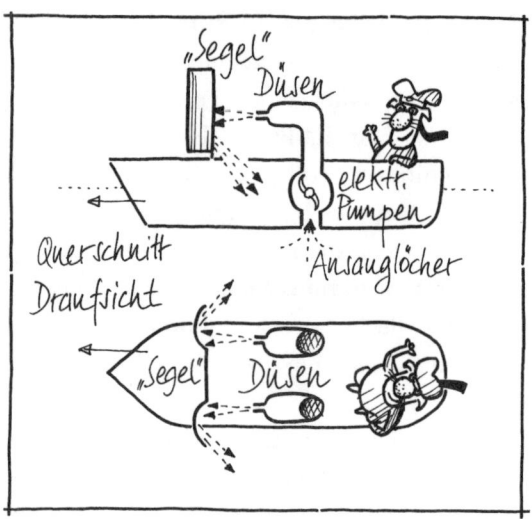

damit niemand auf die Idee kommen kann, wir würden den Ansaugimpuls zum Antrieb verwenden. Im Gegenteil: Ruhendes Wasser, das vom fahrenden Schiff aufgenommen wird, muß erst auf die Fahrgeschwindigkeit beschleunigt werden und bremst das Schiff (was bei einem halben Stundenkilometer Fahrgeschwindigkeit allerdings kaum ins Gewicht fällt).

Ehe wir unser Blaseboot auf die Reise schickten, testeten wir es erfolgreich im Wasserkanal des benachbarten Instituts für Hydromechanik. Mit 15 Zentimetern in der Sekunde oder etwa einem halben Stundenkilometer Fahrt erwies sich unser Schiff als fernsehtauglich und konnte sorgfältig verpackt per Intercity-Kurier zur Sendeanstalt nach München versandt werden.

Warum hatten wir die Wasserstrahlen nicht einfach nach hinten gerichtet? Auf diese Weise hätten wir doch den Impuls- und Energieverlust an den Segeln ganz vermeiden können. Wir wollten die Antwort auf die gestellte Frage praktisch vorführen. Das Umlenken des Impulsstroms von Düsenstrahlen ist übrigens Fliegern geläufig. Die im Flug nach hinten gerichteten Gasstrahlen der Triebwerke von Düsenflugzeugen werden nach dem Aufsetzen auf die Rollbahn durch Umlenkbleche innerhalb oder außerhalb der Düsen nach vorn umgelenkt und sorgen für den Bremsschub des Flugzeugs bei der Landung.

Der Impulswagen als Analogie: Versuchen wir jetzt, den Vorgang einfacher zu verstehen! Wir ersetzen den Luftstrom (oder Wasserstrahl) durch einen elastischen Ball. Als «Schiff» dient ein leichter Wagen auf Schienen und als «Segel» eine feste Wand, von der der Ball möglichst gut zurückprallt. Wir stellen uns auf den Wagen und werfen den Ball vorwärts. Leider ist das von Nachteil, denn vom Vorwärtsimpuls p des Balles bekommen Mann und Wagen einen gleich großen Rückwärtsimpuls, $-p$ (minus!), der den Wagen rückwärts rollen läßt. Aber da ist ja noch das «Segel». Bei einem perfekten Rückprall von der Wand kehrt der Ball seinen Impuls um, von p nach $-p$. Für den Impulsgewinn von $-2p$ des Balles beim Rückprall erhält der Wagen den Vorwärtsimpuls $+2p$. Die Bilanz für den Wagen ist damit $-p + 2p = +p$. Er beginnt vorwärts zu rollen.

Zu diesem Schluß hätte man einfacher gelangen können. Es kommt gar nicht darauf an, ob der Ball auf dem Wagen hin- und hergeworfen wird, sondern nur darauf, daß er am Ende den Impuls $-p$ wegträgt. Ebenso nebensächlich ist beim Blaseboot die genaue Form der Wasserstrahlen zwischen den Düsen und dem Segel. Es kommt nur auf den endgültig nach hinten abströmenden Impuls an. Der Ballwagen ist auch hinsichtlich der Verluste ein brauchbares Modell des

Blaseboots. Dem Energieverlust des Wasserstrahls bei der Umlenkung am Segel entspricht die unelastische Reflexion des Balles an der Wand. Bleibt der Ball am Ende auf der Ladefläche liegen, bringt er den Wagen vom vorübergehenden Rollen wieder zum Stillstand.

Der Impulssatz beherrscht auch den Antrieb von Raumschiffen, die Verbrennungsabgase mit hoher Geschwindigkeit aus den Schubdüsen ausstoßen, statt Bälle abzuschießen. Wie schwer die Vorstellung von der Impulserhaltung in den Köpfen Platz findet, zeigte ebenfalls die Zuschauerpost zu der oben genannten Fernsehsendung. Mehrere der Einsender meinten, das Boot stoße sich mit dem Wasserstrahl wie mit einem Paddel an der Wasseroberfläche ab. Wenn Raketenantriebe so wirkten, ließe sich im Weltraum außerhalb der Atmosphäre kein Raumfahrzeug antreiben. Solche Einwände hindern Patentämter nicht, Patente für Mechanismen zu erteilen, die nicht nur den Energiesatz, sondern auch den Impulssatz ignorieren. Ich nenne dafür als Beispiel den «Apparatus for Developping a Propulsion Force» (Europäisches Patent Nr. 0128008 B1 vom 10. Mai 1989).

Einfache «Blaseboot»-Theorie: Zum Antrieb des Schiffes tragen nur die Impulsströme bei, die mit den Wasserströmen durch die Bodenöffnungen ins Schiffsinnere eintreten und die (nach der Umlenkung der Wasserstrahlen durch das «Segel») vom Schiff wieder wegströmen. Da in der Zeiteinheit gleichviel Wasser zu- und abgeleitet wird, bleibt die Masse M des Schiffs konstant. Mit q (Masse pro Zeit) werde der Massendurchsatz des Wassers bezeichnet. Der Schub durch das abfließende Wasser, das beim Abströmen nach hinten die Geschwindigkeit U relativ zum Schiff habe, ist qU. Entsprechend ist der Bremsschub durch die Aufnahme ruhenden Wassers aus dem Bassin bei der Fahrgeschwindigkeit V gleich $-qV$. Die Newtonsche Bewegungsgleichung des Schiffs lautet daher

$$M \frac{dV}{dt} = q(U - V) - W.$$

W ist der Schiffswiderstand, eine Funktion der Geschwindigkeit V, für die wir ein quadratisches Widerstandsgesetz $W = cV^2$ mit dem konstanten Koeffizienten c annehmen. Bei stationärer Fahrt, $V = V_o$, folgt aus der Bewegungsgleichung die Fahrgeschwindigkeit des Schiffes:

$$V_o = \frac{q}{2c}\left(\sqrt{1 + \frac{4cU}{q}} - 1\right).$$

Für charakteristische Werte der Parameter (zum Beispiel $c = 10$ kg/m; $q = 10^{-1}$ kg/s; $U = 1$ m/s) ist cU/q von der Größenordnung 100, also groß gegen 1, weshalb die Fahrgeschwindigkeit in guter Näherung durch $V_o = \sqrt{qU/c}$ ersetzt werden kann. Mit denselben charakteristischen Werten von c, q und U ergibt sich eine Fahrgeschwindigkeit der richtigen Größenordnung: $V_o = 10$ cm/s.

Für das Anfahren des Schiffes aus der Ruhe führt die Bewegungsgleichung mit dem quadratischen Widerstandgesetz auf eine vollständige Riccatische Differentialgleichung für $V(t)$, die sich zwar in geschlossener Form lösen läßt, aber ein kompliziertes Ergebnis hat, das wir gar nicht erst aufschreiben wollen. Für das «Blaseboot» interessiert nur die Näherungslösung bei großen Werten von cU/q:

$$V = \sqrt{\frac{qU}{c}} \tanh\left(\frac{\sqrt{qUc}}{M} t\right).$$

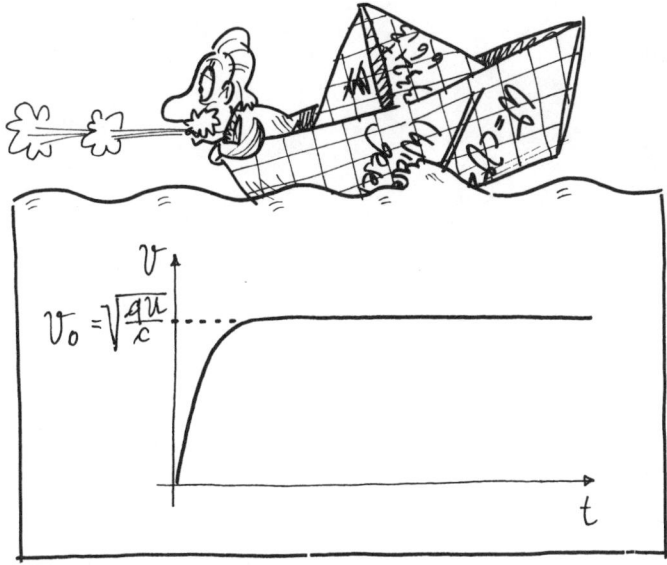

Die Geschwindigkeit des Schiffes nähert sich nach Maßgabe der hyperbolischen Tangensfunktion exponentiell an die Geschwindigkeit V_o der stationären Fahrt an. Die Anfahrzeit $\tau = M/\sqrt{qUc}$ wächst proportional zur Schiffsmasse M.

Anatomie eines «Perpetuum mobile»

Die Geschichte der Wissenschaft wird nicht nur von Erkenntnissen geschrieben, sondern auch von Irrtümern. Die Lehre von der Energie, die aus historischen Gründen «Thermodynamik» heißt, verdankt ihre Grundlegung, unter anderem, der vergeblichen Suche nach dem *Perpetuum mobile*.

Einem Erfinder ist nicht zu helfen: Da steht sie, auf stählernen Füßen, in dem kleinen Garten, der an sein bescheidenes Haus grenzt, seine Maschine. Heinrich L. prüft noch einmal die Lager der Rollen an den sechzehn Antriebsmassen und inspiziert das zentrale Wälzlager, auf dem das vier Meter zwanzig hohe Schwungrad ruht. Dann greift er in die Speichen und setzt das selbstgebaute große Rad mit kräftigem Schwung in Bewegung. Sie läuft, seine Maschine läuft! Sie läuft lange, aber nicht lange genug. Erst kaum merklich, bald deutlich wird sie langsamer, hält endlich an, schwingt noch einmal kurz zurück und bleibt endgültig stehen.

Zwanzig Jahre hat er an seinem «Perpetuum mobile» gearbeitet. Damals hatte ihm ein Arbeitskollege von den immerfort laufenden Maschinen erzählt. Neugierig geworden, hatte er im Lexikon unter dem Stichwort nachgeschlagen und gelesen, daß es kein *Perpetuum mobile* geben könne, keine Maschine, die Arbeit für nichts leistet – ohne Treibstoff oder elektrischen Strom. Sofort hatte es ihn gereizt, das Unmögliche zu versuchen. Hatte man nicht noch im vorigen Jahrhundert für unmöglich gehalten, daß der Mensch einmal fliegen könne, und bis zur

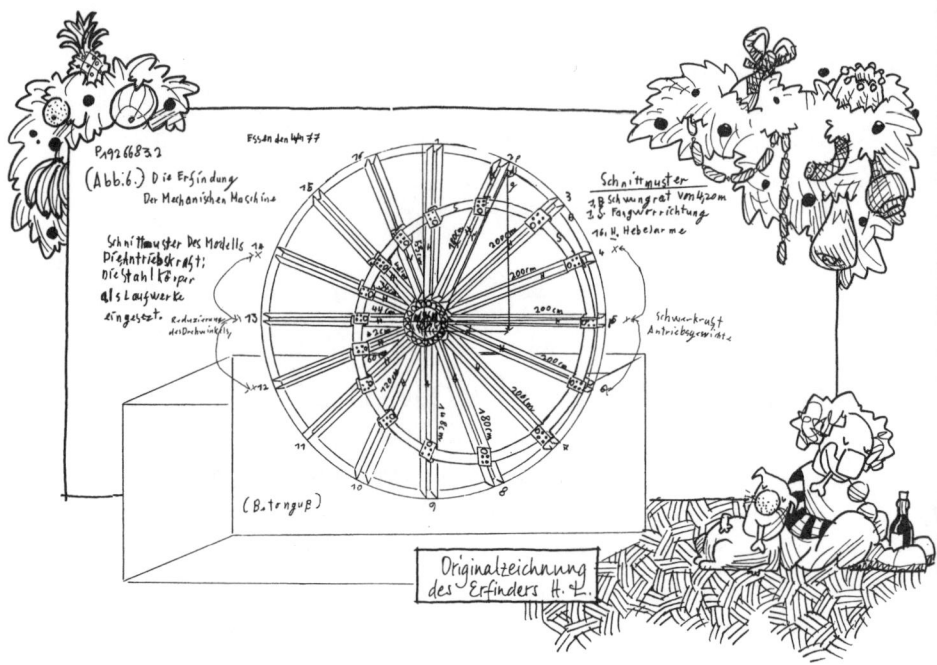

Mitte unseres Jahrhunderts bezweifelt, daß je ein Mensch den Boden eines fremden Himmelskörpers betreten würde? Warum sollten die Experten, die schon so oft geirrt hatten, gerade diesmal recht behalten?

Sein erstes Modell war der Kosten wegen aus Pappe. «Pappe ist nicht stabil genug», versucht der Erfinder seinen Mißerfolg zu erklären. Er baute ein größeres Modell aus Stahl, einem Werkstoff, auf den er sich als Schlosser bestens verstand. Als auch dieses Modell nicht zu seiner Zufriedenheit arbeitete, folgerte er: «Das Rad ist noch zu klein. Es muß viel größer werden, damit die Antriebsmassen gegen die Reibung in den Lagern ankommen.» Er war sicher, seine Konstruktion werde sich als das Perpetuum mobile erweisen, wenn er nur die Mittel hätte, sie groß genug zu bauen.

Das Patentamt wies seine Anmeldung mit der üblichen pauschalen Begründung ab, die die Königliche Akademie der Wissenschaften zu Paris seit 1775 zur Grundlage ihrer Entscheidungen gemacht hatte: «La construction d'un mouvement perpétuel est absolument impossible.» Unbestritten stellt dieser berühmt gewordene Grundsatz eine der starken Säulen dar, auf denen die heutige Wissenschaft von der Energie oder «Thermodynamik» ruht. Doch er ist ein Erfahrungssatz und nicht beweisbar. Das erste funktionierende *perpetuum mobile* würde ihn widerlegen. Hätten die Beamten des Patentamts nicht besser daran getan, Heinrich L. durch genaue Analyse seines Entwurfs davon zu überzeugen, daß diese seine Konstruktion niemals funktionieren könne, wie groß er sie auch bauen würde? Die Stadtväter der westdeutschen Stadt G., durch Berichte in der Lokalzeitung aufmerksam geworden, boten Heinrich L. einen namhaften Geldbetrag, für den er ihnen eine besonders große Maschine als buntes Kunstwerk in den Stadtpark stellte. Das Absurde wurde zur Kunst erhoben, denkwürdiger und preiswerter als manche anderen Werke zeitgenössischer Künstler.

Der Aufbau des «Perpetuum mobile»: Heinrich L.s Erfindung stellt eine originelle Variante bekannter Hebelkonstruktionen dar, die in großer Zahl aus der Geschichte der *perpetua mobilia* bekannt sind. Das in seinem Schwerpunkt drehbar gelagerte Schwungrad ist mit beweglichen «Antriebsmassen» beschwert, die außer auf den 16 radialen Speichen auf einem feststehenden exzentrischen Schienenring gleiten. Die Antriebsmassen befinden sich also in jeder Stellung des Rades an den 16 Schnittpunkten der Speichen mit dem Schienenring. Offensichtlich wirken sie auf der einen Seite des Lagers, im Bild rechts, mit «längeren Hebelarmen» als auf der anderen Seite. Die rechten Hebel üben daher, wie der Erfinder uns glauben machen will, größere Drehmomente auf das Schwungrad aus als die linken Hebel und drehen das Rad im Uhrzeigersinn. Da sich im Drehen fortwährend kurze Hebel in lange verwandeln und umgekehrt, muß sich das Rad unaufhörlich drehen: ein Perpetuum mobile.

Man sollte sich sogleich die denkwürdigen Folgen dieser Behauptung überlegen: Unter einem ständig im gleichen Sinn wirkenden Drehmoment muß das Schwungrad nach Newtons Gesetzen der Mechanik schneller und schneller werden, sofern nicht Arbeitsmaschinen wie Generatoren, Pumpen und dergleichen angeschlossen werden, die die erzeugte Energie vollständig abnehmen. James Watt erfand zu seiner Zeit für die Dampfmaschine den Zentrifugalregulator, der die

Dampfzufuhr aus dem Kessel an den Arbeitszylinder über die Drehzahl regelte und dadurch die Leistung begrenzte. Perpetua mobilia lassen sich nur durch die restlose Abnahme ihrer Leistung auf konstanter Geschwindigkeit halten. Ohne geeignete Vorkehrungen beschleunigt sich der Mechanismus unbegrenzt, bis er schließlich den wirkenden Kräften nicht mehr standhält und von ihnen auseinandergerissen wird. So gesehen sind Perpetuum-mobile-Mechanismen äußerst gefährlich und müßten aus Sicherheitsgründen verboten werden. Mehr noch: Dieses Argument ist ein Beweis, warum es sie nicht (mehr) gibt (falls es sie je gegeben haben sollte): Alle jemals zum Laufen gekommenen *perpetua mobilia* müssen längst in Stücke geflogen sein.

Warum die Maschine nicht immerfort läuft: Wie könnte man den Erfinder überzeugen, daß seine Idee praktisch nutzlos ist? In dem umfangreichen Briefwechsel mit Erfindern, den der bedeutende Ludwig Prandtl in den dreißiger und vierziger Jahren als Direktor des Göttinger Kaiser-Wilhelm-Instituts für Strömungsforschung führte, fiel ein Mann auf, der seine Briefe mit «Kapitän Buse, exakter Denker» zu unterzeichnen pflegte. Buse hatte an Prandtl die komplizierte Zeichnung eines Mechanismus gesandt, der nach seiner Beschreibung ein *Perpetuum mobile* darstellte, und Prandtl teilte ihm nach eingehender Prüfung mit, die von ihm vorgeschlagene Konstruktion könne nicht funktionieren, weil sie ein physikalisches Prinzip, das wir kurz mit «actio = reactio» umschreiben, verletze. Buse schrieb unbeeindruckt zurück, dieses Prinzip gelte in seinem Apparat nicht. Die Auseinandersetzung beleuchtet die Schwierigkeit, etwas «erklären» zu wollen und sich dabei nicht auf ein verbindliches System von Begriffen stützen zu können.

Ein grundlegender Irrtum des Erfinders läßt sich schnell finden: Die sogenannten «Antriebsmassen» drücken nicht, wie er stillschweigend voraussetzt, mit ihrem ganzen Gewicht auf die Speichen, sondern werden zum Teil von dem ortsfesten Schienenring gestützt, der sie auf ihre exzentrische Bahn zwingt. «Längere Hebelarme auf der rechten Seite» ist also kein Argument für die Funktionsfähigkeit der Maschine.

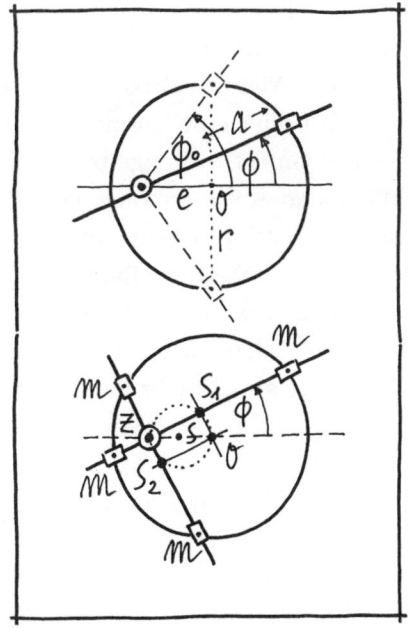

Wir könnten sogar die Drehmomente berechnen, die die 16 Antriebsmassen auf das Schwungrad ausüben, und nachweisen, daß ihr resultierendes Moment in allen Stellungen des Rades null ist. Aber die komplizierten Formeln könnten Heinrich L. vermutlich nicht überzeugen. Deshalb wähle ich einen bequemeren Weg.

Um die Konstruktion besser durchschaubar zu machen, denken wir uns vorübergehend alle Antriebsmassen bis auf eine entfernt. Die Figur läßt erkennen, daß die

Antriebsmasse in den Scheitelpunkten des Kreises oben und unten, wo die Schiene durch die Horizontale geht, Ruhelagen hat. Dort hält allein die Stützkraft der Schiene ihrem Gewicht die Waage. Wie man ebenso leicht sieht, ist die untere Ruhelage «stabil» in dem Sinne, daß die Masse, aus dieser Lage verdrängt, weiterhin in ihrer Nachbarschaft bleibt. Die obere Ruhelage ist «labil», weil in dieser Lage der kleinste Anstoß genügt, die Masse durch ihr eigenes Gewicht rechts oder links den Schienenring hinunterzubefördern (sofern nicht Haft- oder Reibungskräfte die Verschiebung auf der Schiene verhindern). Ist der Schienenring, wie gezeichnet, ein Kreis vom Radius r, dessen Mittelpunkt um die Strecke $e < r$ waagerecht verlagert ist, liegen die beiden Ruhelagen bei dem Winkel ϕ_0, für den $\tan\phi_0 = \pm r/e$ ist.

Bringt man auf der gegenüberliegenden Speiche eine zweite, identische Antriebsmasse an, erhöht sich die Zahl der Ruhelagen, in denen kein Antrieb wirkt, auf vier, zwei stabile und zwei labile. Sie liegen, wie noch begründet wird, in den Winkelhalbierenden der vier Quadranten bei $\phi = \pi/4$ usw. in Abständen von $\pi/2$. Die nochmalige Verdoppelung der Zahl der Massen durch Besetzung der zwei Speichen senkrecht zu den ersten beiden verdoppelt nicht noch einmal die Zahl der Ruhelagen, wie man vermuten könnte, sondern läßt ihre Zahl unendlich groß werden.

Das Viermassenrad ist also im indifferenten Gleichgewicht wie das Rad ohne Antriebsmassen. Das heißt: Vier in der beschriebenen Weise symmetrisch angeordnete Massen sind so gut wie gar keine und üben kein Antriebsmoment aus. Das hat einen einfachen geometrischen Grund: Der Schwerpunkt S dieser Anordnung ist unabhängig vom Lagewinkel ϕ des Rades. Er liegt, wie gleich gezeigt wird, genau in der Mitte zwischen dem Lager Z und dem Mittelpunkt 0 des Schienenkreises. Auch die weitere Vervielfachung der Zahl der Massen von 4 zu 16 ändert nichts mehr daran: für den Mechanismus bleibt jede Lage Gleichgewichtslage. Wenn Heinrich L.s Rad vor dem endgültigen Stillstand noch einmal zurückschwang, lag das daran, daß es nicht statisch ausgewuchtet war. Damit zeigt sich: Das Rad, einmal in Gang gesetzt, läuft nur so lange, bis es die unvermeidliche Reibung zur Ruhe gebracht hat. Unter Mitwirkung der sogenannten «Antriebsmassen» tritt das früher ein als ohne sie, weil die Reibung in den Rollen der Massen zur Reibung im zentralen Lager hinzukommt. Also leider kein Perpetuum mobile und keine Energiequelle für die Stromerzeugung! Heinrich L. wird weiterhin seine monatliche Rechnung für elektrischen Strom an die Stadtwerke zahlen müssen.

Den Nachweis der behaupteten Schwerpunktlage der Viermassenanordnung führen wir elementar-geometrisch. Die gemeinsamen Schwerpunkte S_1 und S_2 der beiden Paare gegenüberliegender gleicher Massen liegen in den Halbierungspunkten der Verbindungsstrecken. Da die Durchmesser des Schienenkreises, die durch S_1 bzw. S_2 gehen, auf den Speichen S_1 bzw. S_2 senkrecht stehen, ist $0 S_1 Z S_2$ ein Rechteck und der gemeinsame Schwerpunkt S aller vier Massen sein Mittelpunkt, der die Diagonale $0Z$ halbiert. Wenn die Massen einmal um den Schienenkreis (oder ϕ von 0 bis 2π) laufen, umfahren die Schwerpunkte S_1 und S_2 der Zweimassensysteme zweimal den Umkreis des Rechtecks mit dem Mittelpunkt in S und dem Radius $e/2$ (den Thaleskreis der rechtwinkligen Dreiecke $0 S_1 Z$ und $Z S_2 0$). Die Gleichgewichtslagen des Zweimassensystems liegen im höchsten und tiefsten Punkt des Umkreises, das heißt wie behauptet bei $\phi = \pi/4$, $3\pi/4$ usw. Wer lieber rechnet, kann den Nachweis, mit erheblich größerem Aufwand, auch trigonometrisch führen.

Wie sich die Maschine doch zum Laufen bringen läßt: Wer sich jemals einen Goldhamster gehalten hat, kann sich erinnern, wie das kleine Tier in seinem Laufrad auf der Stelle rennt und das Rad in so rasche Umdrehung versetzt, daß die Stege und Sprossen vor den Augen verschwimmen. Um Lasten zu heben, ließ man im Mittelalter, als Dampfmaschinen noch unbekannt waren, Menschen in großen hölzernen Laufrädern laufen, deren Welle ein Seil aufspulte. Ein solches Laufrad wurde vor kurzem in der elsässischen Felsenburg Fleckenstein bei Lembach rekonstruiert und ist zeitweise wieder begehbar. Im Laufrad bildet der Mensch (wie der Hamster) eine exzentrische Last, die ein Antriebsmoment auf das zentrale Lager Z ausübt. Bei konstanter Umfangsgeschwindigkeit V (die Dynamik des Anlaufens und Abbremsens soll jetzt nicht betrachtet werden) ist das Lastmoment M, das an der zentralen Welle abgenommen wird (hier zum Zwecke der Ar-

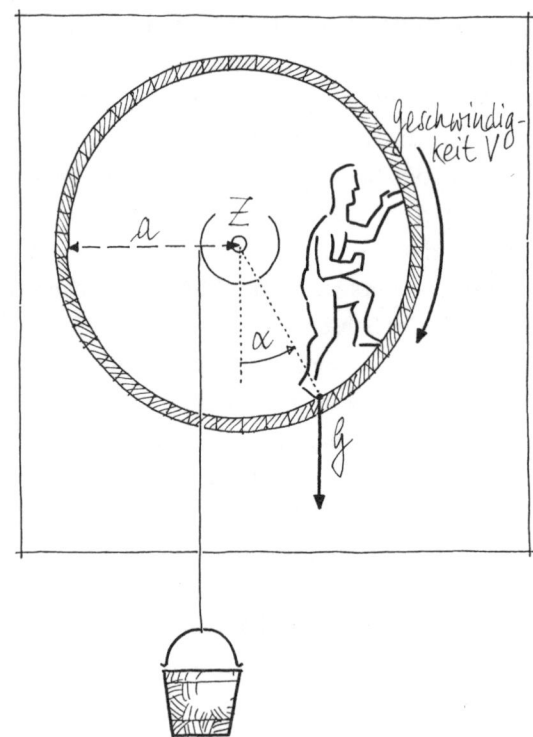

beitsleistung, beim Hamsterrad nur zur Überwindung der Reibung im Lager), gleich dem Drehmoment des Gewichts G, das ist $M = G\,a\sin\alpha$. Durch die Wahl seines Standorts (das heißt des Winkels α) kann der Mensch sein Drehmoment auf die Last an der Welle einstellen, sofern sein Gewicht größer als M/a ist, und hat zum Drehen des Rades die Dauerleistung $P = G \sin\alpha\, V$ zu erbringen.

Ob Hamster oder Mensch – die exzentrische Last bewegt sich in Umfangsrichtung dem Rad entgegen und kann dadurch fortlaufend Arbeit verrichten. Sie macht Heinrich L.s Rad zu einer Arbeitsmaschine. Nach dem Stand der Technik würde man sie allerdings nicht mehr mit biologischer Arbeitskraft, sondern mit einem kleinen Elektromotor betreiben.

Das Tausendtaubenproblem

Der Gutmütigkeitsquotient: Der Freund, der mir diese Geschichte erzählte, versicherte mir, sie selbst so erlebt zu haben. Einige Umstände deuten allerdings darauf hin, daß er seinen Gedanken freien Lauf gelassen hat. Kommt es darauf an? Denn was ist schon Wirklichkeit? Vermischt sich nicht unsere Wahrnehmung allenthalben mit unseren Vorstellungen? An einem Abend im Spätherbst wollte er, ein junger und nicht gerade begüterter Student der Mathematik an der berühmten Universität Georgia Augusta zu Göttingen, per Anhalter nach Norden zu seinen Eltern fahren.

Hören wir aber zunächst, was sich am Mittag jenes Tages in Göttingen abspielte. Unser Freund hatte sich an einem der markantesten Punkte der Stadt aufgestellt, dort wo die Weender Straße mit der Groner Straße rechtwinklig zusammenstößt. Damals drängte noch der ganze Verkehr der Autos, Motorräder, Lastkraftwagen und der behäbigen gelben Stadtbusse durch diesen Engpaß. Die Fußgänger mußten sich an der Ecke auf den schmalen Bürgersteigen aneinander vorbeidrücken. Der junge Mann machte sich die Enge zunutze, indem er jedem Vorbeigehenden von einem gewissen Alter an freundlich einen guten Tag wünschte. Die Reaktionen der Leute waren durchaus unterschiedlich. Einige zuckten verständnislos die Achseln. Andere versuchten mit einem Lächeln, das Überlegenheit ausdrücken sollte, über den jungen Mann hinwegzusehen, oder sie schauten durch ihn hindurch, als wären da überhaupt nur 75 Liter Luft an der Stelle, wo er zu stehen glaubte. Manche schienen sich belästigt zu fühlen wie von ei-

nem unangenehmen Insekt. Aber eine gar nicht kleine Zahl von Passanten grüßte unbefangen freundlich zurück, vielleicht aus echter Anteilnahme oder auch nur, um der ungewöhnlichen Ansprache mit dem nötigen Humor zu begegnen. Kurz: Das Ereignis war wie ein Spiegel, der ein flüchtiges Licht aus der Seele unserer Mitmenschen in den Alltag der Stadt Göttingen brachte.

Was bezweckte mein Freund mit seinem Experiment? Er notierte kleine Kreuze auf einem Schreibblock für die freundlichen Menschen und Striche für die übrigen, zählte sie aus und bestimmte schließlich den Quotienten aus der Zahl der Kreuze und der Zahl der Kreuze und Striche zusammengenommen, den er den Gutmütigkeitsquotienten der Göttinger nannte. Am Nachmittag zählte er noch eine Zeitlang die Fahrzeuge, die die äußere Weender Straße in nördlicher Richtung befuhren und schätzte den Anteil von Personenkraftwagen, die pro Stunde in seine gewünschte Richtung unterwegs waren und von denen er vermutete, daß ihr Reiseziel nicht nur Bovenden, sondern vielleicht Hannover oder ein Ort darüber hinaus wäre. Indem er diese Zahl mit dem Göttinger Gutmütigkeitsquotienten malnahm (wobei er vereinfachend die Gutmütigkeit der Göttinger Fußgänger mit der Gutmütigkeit der Autofahrer gleichsetzen mußte) und von dem Ergebnis den Kehrwert bildete, berechnete er die Zeit, die er wohl werde warten müssen, bis irgendein freundlicher Autofahrer ihn zum Mitfahren einlüde. Er errechnete, wenn ich mich recht erinnere, eindreiviertel Stunden theoretische Wartezeit.

Mißbrauch der Statistik: Die Schätzung erwies sich im nachhinein als reichlich pessimistisch. Es hieße auch die Statistik falsch anzuwenden, wollte man vom Erwartungswert auf den Einzelfall schließen. Mit einem gewöhnlichen Spielwürfel sollte man zum Beispiel durchschnittlich jedes sechste Mal eine Sechs würfeln, was dem Würfel nicht verbietet, gleich beim ersten Wurf die Sechs zu zeigen. Es wäre gleichfalls möglich, wenn auch äußerst unwahrscheinlich, daß ein einwandfreier, nicht gezinkter Spielwürfel in seinem ganzen Dasein keine einzige Sechs hervorbrächte. Überzeugte Spieler, zu denen ich mich zähle, nehmen als sicher an, daß dieser Fall

praktisch nie eintreten wird, müßten doch sonst die Regeln der Würfelspiele, darunter des beliebten «Mensch ärgere dich nicht»-Spiels, geändert werden. Die Wartezeit am Abend war viel kürzer, als die Statistik erwarten ließ. Nachdem der Student kaum eine Viertelstunde lang die unmißverständliche Geste des Anhalters gemacht hatte, bremste ein kleiner Lastwagen mit einem auffällig großen, hohen Aufbau und hielt vorsichtig an. Der Fahrer beugte sich zur Seite, um mit langem Arm die Beifahrertür einen Spalt weit zu öffnen, und lud unseren jungen Freund zum Mitfahren ein.

Ungewöhnliche Beobachtung: Mit mäßiger Geschwindigkeit ging die Fahrt über die Landstraße in Richtung Hannover, vorbei an Weende, Northeim und so weiter, während die Dunkelheit sich über das Leinetal senkte. Hatte der Fahrer seinen Fahrgast zu Anfang noch nach dem Woher und Wohin gefragt, wurde er nun immer einsilbiger, während seine Augen sich auf das graue Schlängelband der Straße konzentrierten, das vom Abblendlicht nur unzureichend erleuchtet wurde, und sich gegen die Scheinwerferkegel der entgegenkommenden Fahrzeuge wehrten, die immer wieder sekundenlang die Nacht hinter einem blendenden Heiligenschein verschwinden ließen. Die Eintönigkeit der Fahrt wurde nur von Zeit zu Zeit dadurch unterbrochen, daß der Fahrer kurz und kräftig an die Rückwand des Fahrerhauses schlug, woraufhin sich jedesmal ein Rauschen wie von sanftem Wind im Wagenkasten vernehmen ließ. Hatte der Beifahrer, der im Bewußtsein seiner Lage als Anhalter um höfliche Zurückhaltung bemüht war, dieses merkwürdige Verhalten zunächst fraglos hingenommen, überwältigte ihn allmählich die Neugier. Schließlich fragte er den Fahrer geradeheraus, was das Klopfen und das Rauschen zu bedeuten hätten. «Das ist ganz einfach», sagte der Fahrer, «ich habe 1000 Tauben geladen. Die muß ich am Fliegen halten, denn wenn sie sich niedersetzen, ist der Wagen überladen.»

Während der Student noch mit dem Gedanken beschäftigt war, ob das die Wahrheit sein könnte oder ob sein Wohltäter sich über ihn lustig machen wollte, fiel ihm plötzlich auf, daß der Fahrer sein Klopfen eingestellt hatte und auch das Rauschen im Wagenkasten verstummt war. Er blickte neben sich und bemerkte, daß sein Nachbar starren Blicks durch die Windschutzscheibe schaute und das Steuer nur noch mechanisch bediente. Er schien von Müdigkeit übermannt worden zu sein. Der Student tat, was wohl jeder von uns an seiner Stelle getan hätte, er stieß den Fahrer an und rief: «Beinahe wären sie eingeschlafen!» Noch im Hochschrecken schlug der Fahrer heftig gegen die Kabinenrückwand. Da ging ein großes Rauschen durch den Wagenkasten. Der ganze Wagenaufbau schlug nach unten durch.

Auftriebskräfte: Soweit der Bericht meines Freundes. Er überläßt es uns zu klären, ob tausend Tauben fliegend im Wagenkasten weniger wiegen als sitzend auf der Ladefläche und warum der Wagen in die Knie ging, als der Fahrer aufgeschreckt gegen die Rückwand schlug. Offensichtlich hatten die Vögel sich niedergelassen, daher vorübergehend die Ruhe im Taubenschlag. Der Wagen hatte die Last ausgehalten. Warum auch nicht? Eine fette Taube wiegt kaum ein halbes Kilo, 1000 Tauben wiegen also nur eine halbe Tonne. Das muß ein kleiner Transporter tragen können. Allerdings muß die Ladefläche ziemlich groß sein, damit so viele Tauben nebeneinander Platz finden. Gefährlicher wird es für den Wagen, wenn die Vögel aufgescheucht werden und sich beim Abflug von der Ladefläche abstoßen. Die Kraft beim Absprung kann ein Mehrfaches des Körpergewichts betragen. Wer das nicht aus eigener Körpererfahrung weiß, kann es im Schwimmbad an der Durchbiegung der Sprungbretter ablesen. Wie steht es aber mit der anderen Frage? Kann der Fahrer des Lieferwagens zu Recht behaupten, 1000 Tauben wögen fliegend weniger als sitzend auf der Ladefläche?

Tiere aus Fleisch und Blut, deren Massendichte ungefähr 700mal so groß ist wie die der Luft, die sie verdrängen, schweben nicht von selbst. Um fliegen zu können, müssen sie mit ihren Flügeln «aerodynamisch» Auftrieb erzeugen. Motorflugzeuge vergrößern dazu mit Hilfe ihres Antriebs die Geschwindigkeit, bis die Auftriebskraft der Luft an ihren Tragflügeln größer wird als ihr Gewicht und sie steigen können. Die Vögel im Wagenkasten fliegen aber sozusagen «auf der Stelle» und müssen durch ihren Flügelschlag Luftströme nach unten leiten, deren Rückstoß ihrem Gewicht gleichkommt. Die Luftströme laden den Impulsstrom auf der Ladefläche ab, und damit wird, von Schwankungen abgesehen, der Wagen von fliegenden Tauben gerade so belastet wie von sitzenden.

Doch da sind noch andere Ungereimtheiten. Zum Fliegen brauchen die Tauben viel mehr Platz als zum Sitzen. Sie müßten also, wenn die Ladefläche gerade zum Sitzen ausreicht, in mehreren Schichten übereinander fliegen. Die «oberste Schicht» Tauben müßte sich durch Vermittlung der Luft auf die nächste stützen und so weiter. Die zuunterst fliegenden Tauben könnten mit ihren Flügeln kaum noch genügend rudern, um die ganze Last über sich mitzuschleppen. Es gibt dazu eine martialische Analogie aus der Luftfahrt, die, wie Beobachter berichteten, im Vietnam-Krieg erprobt wurde: Ein Hubschrauber, der ganz dicht über einen anderen Hubschrauber fliegt, kann ihn zum Absturz bringen, wenn es dem unteren Hubschrauber nicht gelingt, im Abwindfeld des oberen Rotors genügend Auftrieb für sich selbst zu gewinnen.

Wie die Kolibris am Ort zu schweben und den Auftrieb durch den Flügelschlag zu erzeugen erfordert einen viel größeren Leistungsaufwand als der Gleitflug eines Segelflugzeugs mit langen, aerodynamisch hochwertigen Tragflügeln. Die Physik des Schlagfluges ist noch wenig erforscht und kann hier nicht erörtert werden. Schätzen wir die erforderliche mechanische Leistung so einfach wie möglich ab!

Die Flügel lenken mit dem Massenstrom Q der Geschwindigkeit U den Impulsstrom QU nach unten, dessen Rückstoß die Auftriebskraft A erzeugt, die beim Schweben auf der Stelle mit dem Gewicht G des Vogels übereinstimmt. Die mechanische Leistung P, die zur Aufrechterhaltung des Impulsstroms aufgebracht werden muß, ist, von Energieverlusten abgesehen, der Strom $QU^2/2$

an kinetischer Energie. Aus $A = QU = G$ und $P = QU^2/2$ läßt sich $P = G^2/2Q$ ableiten. Flugmechanismen benötigen also für ihren Auftrieb um so weniger Leistung, je mehr Luft sie in Bewegung setzen können. Daher erklären sich die sehr langen Tragflügel, die Hochleistungs-Segelflugzeuge wie auf einem großen Luftkissen gleiten und ihren Auftrieb fast umsonst bekommen lassen, was in einer großen «Gleitzahl» A/W und einem kleinen Gleitwinkel, gleichbedeutend mit geringem Höhenverlust beim Gleitflug, zum Ausdruck kommt.

Ich möchte das Vorstehende noch mit einem einfacheren Beispiel illustrieren. Nicht nur die winzigen Moleküle der Luft, sondern auch große Körper können Auftrieb geben. Zum Beispiel werden beim Prellen eines Gummiballs zwischen der Hand und dem Boden die Füße entlastet. Wie groß muß die Geschwindigkeit U eines Balles der Masse m sein, damit ein Ballspieler vom Gewicht G vom Boden abhebt? Wenn d die Distanz zwischen dem Boden und der Hand bezeichnet, ist $f = U/2d$ die Häufigkeit, mit der der Ball in die Hand zurückkehrt. Der (diskontinuierliche) Massenstrom ist $Q = mf$ und der Impulsstrom, im Schweben gleich dem Gewicht, $G = 2UQ$, weil der Ball beim Rückwurf

mit der Hand seine Geschwindigkeit von der Aufwärts- zur Abwärtsbewegung um $2U$ ändert. Daraus folgt, daß der Ball die Geschwindigkeit $U = \sqrt{Gd/m}$ haben muß. Für einen Menschen von $M = G/g = 75$ kg und einen Ball von $m = 0{,}5$ kg Masse errechnet man bei einem Abstand d von 1 Meter eine Ballgeschwindigkeit von etwa 38 m/s oder 140 km/h (g ist die Schwerebeschleunigung von etwa 9,8 m/s^2). Blieben Energieverluste des Balles am Boden und an der Hand aus, gäbe es den Auftrieb zum Nulltarif. Nimmt man etwas realistischer an, daß zwar die Reflexion am Boden verlustfrei ist, aber der Ball mit der Hand gefangen und mit der Geschwindigkeit U wieder abgeworfen wird, muß der Ballspieler die Leistung $P = QU^2/2 = \sqrt{G^3 d/16 m}$ aufbringen, unter den genannten Bedingungen etwa 7 Kilowatt. Das wird ihm nicht gelingen, oder es würde ihm sehr heiß dabei werden.

Postscriptum: Die unbeschwerte Göttinger Zeit ist lange her. Ich habe meinen Studienfreund aus den Augen verloren. Aber jedes Jahr habe ich wieder Gelegenheit, meinen Studenten die Geschichte der tausend Tauben zu erzählen. Und immer löst sie eine lebhafte Diskussion darüber aus, wie der Fahrer sich helfen könne, falls sein Lastwagen doch zu schwach für so viele Vögel sei. Die Studenten erfinden jedes Jahr von neuem die wenig tierfreundliche Methode, den Wagenboden durch Maschendraht zu ersetzen, um die Last direkt auf die Straße zu bringen, solange die Vögel fliegen. Dann kann der Fahrer sogar beliebig viele Tauben transportieren, wenn der Wagenaufbau nur groß genug ist. Er muß allerdings die Mehrzahl von ihnen ständig am Fliegen halten, um nicht zu riskieren, daß sein Wagen einmal unter der Überlast zu vieler Vögel zusammenbricht. Um diesem Risiko zu entgehen, wollen ein paar Zuhörer gar den Maschendraht ganz weglassen und dafür rundherum am Wagen eine bis zum Boden reichende Schürze (ähnlich wie bei einem Hovercraft-Luftkissenboot) anbringen, die die Tauben am Wegfliegen hindert. Diese Lösung fordert natürlich den Protest der Tierschützer heraus, zwänge sie doch die armen Tiere, ohne Rast mitzufliegen, wenn ihnen ihr Leben lieb ist.

Luftschlösser aus Spielkarten

Im Guinness-Buch der Rekorde von 1995 liest man unter dem Stichwort «Kartenhaus»:

> «*Das freistehende Kartenhaus mit den meisten Etagen, nämlich 81, baute vom 20. bis 26. Mai 1994 Bryan Berg aus Spirit Lake, Iowa (USA). Das aus Standardspielkarten ohne jeglichen Klebstoff errichtete Bauwerk war 4,78 m hoch.*»

Von der atemberaubenden Konstruktion sind keine weiteren Einzelheiten überliefert. Nehmen wir das Nächstliegende an, daß das 81stöckige Gebäude wie die meisten Kartenhäuser als flache Pyramide aus einer einfachen Schicht Spielkarten errichtet wurde und alle Etagen aus gleichartigen Elementen bestanden. Unter dieser Voraussetzung war die Höhe einer Etage (bis auf kleine Abweichungen) $h = 4{,}78$ m geteilt durch $81 = 5{,}9$ cm. Es gibt nur ein Bauelement ausreichender Festigkeit, das Mr. Berg verwendet haben kann: das «Giebelelement». Mit solchen Elementen habe ich im fahrenden ICE (das heißt unter den Bedingungen eines mittelschweren Erdbebens) mehrstöckige Plattenbauten errichtet. Den Giebel bilden zwei schräg gegeneinander gelehnte Spielkarten, die Last ist eine waagerechte Spielkarte, die von oben auf den Giebel drückt. Letztere ist beim Hausbau ein Teil der Zwischendecke zum nächsten Geschoß und in der Regel vom Gewicht der darüberliegenden Stockwerke belastet. Setzen wir Standardspielkarten vom Format (Höhe $\ell \times$ Breite b) 10,5 cm $\times$ 6,5 cm voraus, müssen wir schließen, daß Mr. Berg die Karten auf die langen

Seiten stellte und der Basiswinkel α = 65 Grad betrug. Das folgt aus der geometrischen Beziehung $\sin \alpha = h/b$. Bei hochkant gestellten Spielkarten ergäbe sich der viel kleinere und schwerlich realisierbare Basiswinkel von α = 34 Grad.

Die Montage eines Giebelelements ist kein Balanceakt, sondern schlichtweg Handwerk. Voraussetzung ist ein ebener, horizontaler, rutschfester Untergrund. Er hält die beiden Karten des Giebels an der Basis wie durch Scharniergelenke fest, um die sie sich frei drehen können. Mit einer Hand stellt man zwei Karten zum Giebel auf und drückt mit derselben Hand die Deckkarte darauf. So kann das Giebelelement aber noch nicht von allein stehen. Deshalb klemmt man eine vierte Karte senkrecht unters überhängende Dach, legt eine fünfte Karte in den Zwischenraum und formt aus den beiden letzten Karten einen zweiten Giebel.

Für das erklärte Vorhaben, ein Kartenhaus mit möglichst großer Zahl von Stockwerken zu bauen, war es sicher folgerichtig, die Spielkarten nicht aufrecht, sondern liegend zu verbauen. Dadurch machte Mr. Berg die längere Seite der Spielkarten zur Tiefe des Hauses und verbesserte seine Statik. Trotzdem stellte das Bauwerk mit 4,78 m zu 10,5 cm eine messerrückendünne Scheibe dar, 45mal so hoch wie dick. Die Höhe eines Hochhauses sollte das Zehnfache seiner Querabmessungen nicht wesentlich übersteigen, damit das Gebäude dem Winde standhalten kann. Vom Wind dürfen wir zwar beim Kartenhaus absehen, sofern nicht von einer geöffneten Tür ein Wirbelsturm ausgeht. Aber hätte nicht ein so filigranes Bauwerk aus mehreren tausend lose aufgetürmten Spielkarten, dessen Fachwerk nur durch das Gewicht der oberen Etagen und die dadurch geweckten Haftkräfte zusammengehalten wird, unter seinem Eigengewicht zusammenknicken müssen? Daher ist zu vermuten, daß die «Scheibe», von der die Rede war, durch kleinere Bauten seitlich gestützt wurde ähnlich wie gotische Kathedralen durch Strebebögen.

Statik des Giebelelements: Wir betrachten das Element in einem Zustand, in dem die eine Karte (im Bild die linke) ein winziges Stück heruntergerutscht ist – so wenig, daß die beiden Basiswinkel trotzdem als gleich groß (= α) gelten dürfen. Das

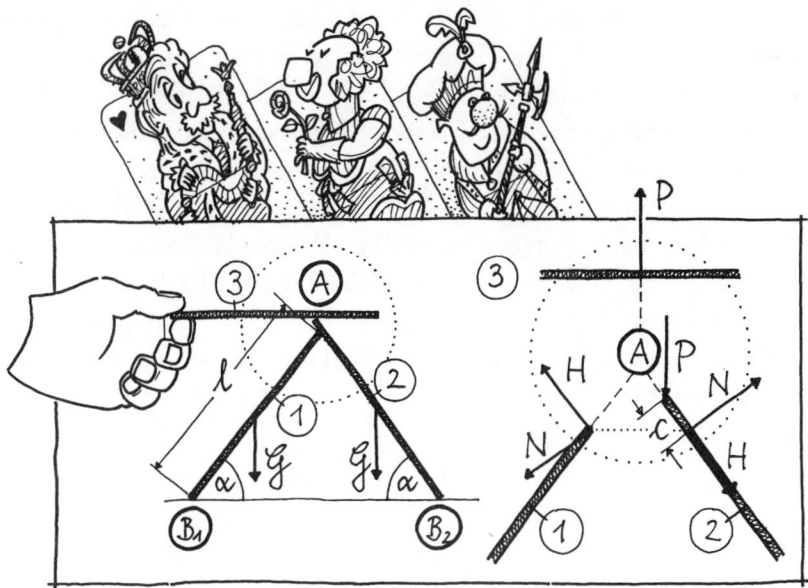

Bild zeigt einen Vertikalschnitt durch die Schwerpunkte der Karten, in denen ihre Gewichte G wirken. Um die Kräfte sichtbar zu machen, die die drei Karten im Bereich von Ⓐ aufeinander ausüben, zerlegen wir die Anordnung gedanklich in ihre drei Bestandteile. Die Partner üben in den Berührpunkten gleich große, aber entgegengesetzt gerichtete Kräfte aus. Von ③ wirkt die Last P auf ②. Die Wechselwirkungskraft zwischen ① und ② teilt sich auf in die Stützkraft N senkrecht und die Haftkraft H parallel zur Oberfläche der Karte ②. Die Kraft H soll das Abrutschen der Karte ① verhindern. Wenn die Karten ① und ② hochkant stehen wie beim «normalen» Kartenhausbau, ist die Kantenlänge ℓ. Die kleine Strecke c ist voraussetzungsgemäß gegen ℓ zu vernachlässigen ($c/\ell \ll 1$). Wenn die Anordnung sich auf Dauer nicht bewegt, muß für die rechte Karte ② notwendig die Summe der Drehmomente («Kraft × Hebelarm») um den Fußpunkt Ⓑ₂ null sein. Es folgt die Stützkraft $N = (P + G/2)\cos\alpha$. Ebenso muß für die linke Karte ① die Summe der Drehmomente um den Fußpunkt Ⓑ₁ null sein. Daraus ergibt sich die zur Aufrechterhaltung des Gleichgewichts erforderliche Haftkraft

$$H = \frac{P\cos(2\alpha) + G(\cos\alpha)^2}{2\sin\alpha}.$$

Wenn die Oberflächen zu glatt sind und die Haftkraft nicht aufbringen können, rutscht die linke Karte ①, und zwar nach unten, falls H die eingezeichnete Richtung hat ($H > 0$), im anderen Fall ($H < 0$) nach oben. Da die Bewegung von der Schwerkraft angetrieben wird, muß der Gesamtschwerpunkt der Anordnung sich in beiden Fällen senken. Im Falle $H < 0$ gleitet die Karte ①, wenn sie nicht haften bleibt, bis zur Deckkarte ③ nach oben und nimmt im «Kantengleichgewicht» (siehe unten) eine stabile Lage ein. Die Ungleichung $H < 0$ ist daher eine Stabilitätsbedingung für die Anordnung. Da der Nenner $2\sin\alpha$ für Winkel α zwischen 0 und 90 Grad positiv ist, folgt nach einfachen Umformungen die Stabilitätsbedingung

$$|\cos\alpha| < \sqrt{\frac{P}{2P+G}}.$$

Ohne Last ($P = 0$) ist die Bedingung für keinen Basiswinkel α erfüllt. Glatte Spielkarten rutschen bei beliebiger Steilheit des Giebels ab, wenn die Kante der einen auf die Fläche der anderen Karte zu liegen kommt. Mit steigender Last wird das Giebelelement für immer kleinere Winkel stabil (sofern es nicht am Boden abrutscht).

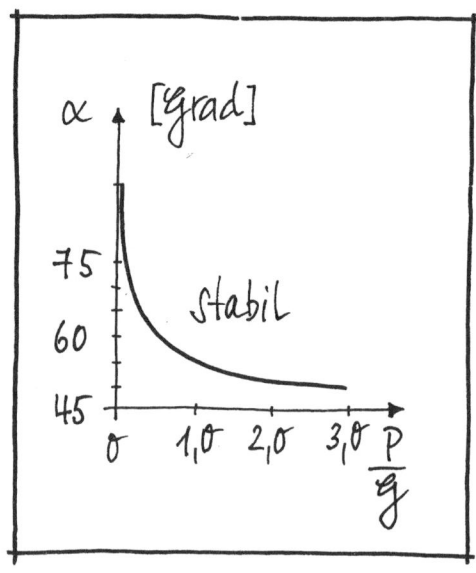

Das Kantengleichgewicht: Wenn man die Schnittkanten genau gegeneinanderstellt, ist die Oberflächenbeschaffenheit der Spielkarten bedeutungslos. Also sind Giebel bis zu beliebig kleinen Basiswinkeln α möglich, falls die Karten nicht an der Basis wegrutschen. Davon überzeugt man sich in einem kleinen Experiment, bei dem man die Karten am Abrutschen zur Seite hindert. Belastet man den Giebel zusätzlich mit einer Deckkarte, bilden die drei Karten oben ein sehr stabiles starres Dreieck, das das Geheimnis der Robustheit des Giebelelements ist.

Die Bodenhaftung: Das Kartenhaus steht oder fällt mit der ausreichenden oder fehlenden Bodenhaftung am Element. Wenn das Giebelelement symmetrisch ist und die Last P sich gleichmäßig auf die beiden Karten des Giebels verteilt, genügt es, das

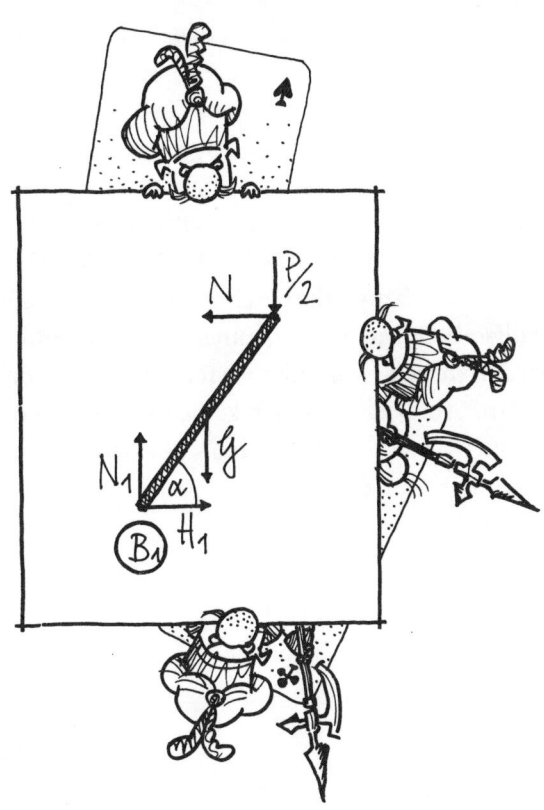

Gleichgewicht für eine der Karten zu untersuchen. Aus dem Gleichgewicht der Drehmomente um den Punkt Ⓑ gewinnt man die Kraft N und aus den Kräftegleichgewichten in vertikaler und horizontaler Richtung die Stützkraft $N_1 = G + P/2$ sowie die zur Aufrechterhaltung des Gleichgewichts erforderliche Haftkraft $H_1 = (P/2 + G/2)\cot\alpha$ am Boden. Man erkennt, daß die Horizontalkraft H_1 für kleine Winkel α sehr groß wird. Als Bedingung dafür, daß die Karte nicht rutscht, nimmt man seit Coulomb an, daß das Verhältnis H_1/N_1 kleiner als eine positive Konstante μ_0 ist, die von der Beschaffenheit der Oberflächen im Berührpunkt abhängt. Daraus gewinnt man die Haftbedingung

$$\tan\alpha > \frac{P+G}{\mu_0(P+2G)}.$$

Der ungünstigste Fall liegt bei großer Belastung P, das heißt in den unteren Stockwerken, vor. Für $P \gg G$ lautet die Bedingung $\tan\alpha > 1/\mu_0$. Bei $\mu_0 = 0,3$ muß $\alpha > 73$ Grad sein, damit das Kartenhaus hält.

Karten-Architektur: Mit dem robusten Giebelelement und einigen Hilfskonstruktionen wie Flechtwerken lassen sich große Kartenhäuser bauen und phantastische Ideen verwirklichen. Wer nicht selber experimentieren will, möge Uschi Neidhardts Büchlein «Kartenhäuser» (rororo 8925 © 1993) zu Rate ziehen, in dem viele dekorative Kartenbauwerke beschrieben sind, aber am Ende auch unerlaubte Hilfsmittel wie Büroklammern und Tesafilm zugelassen werden, die jeder ehrliche Kartenhausbauer energisch von sich weist. Im Gegensatz zur Autorin wollte ich keine Philosophie der Vergänglichkeit illustrieren, sondern die technische Machbarkeit von Luftschlössern aus Spielkarten erforschen.

5.

Alte und neue
Spielzeuge

Flitzer auf der Spielzeugautobahn

Ein Uhrwerkmotor von genialer Einfachheit hat das längst totgesagte Uhrwerkauto zu neuem Leben erweckt. Die flinken darda-Autos lassen sich durch Vor- und Rückschieben «auf der Stelle» aufziehen und bewältigen im Spurt Loopings und Sprünge.

Spielzeug-Artistik: Kommando: «Los!» Fünf kleine Autos gewinnen rasch an Geschwindigkeit, jagen hintereinander her durch einen Looping, wenden im «Stop-Drom» und rasen über die Sprungschanze ins Nichts. Alles geht blitzschnell, das Auge kann kaum folgen. «Der Polizei-Porsche springt besser als der rote Mercedes», sagt Hanno. «Der ist eben zu schwer», meint Martin dazu.

Die Buben haben aus bunten Schienen, Kurvenelementen, Kupplungen, Weichen, einem «Riesenloop» und einer Überkopfschiene eine viele Meter lange, farbenfrohe Autobahn mit überhöhten Kurven, gewagten Loopings und einer Sprungschanze aufgebaut. Sechzigfach vergrößert (in den Originalmaßstab der «großen» Welt übersetzt) wäre es eine atemberaubende Rennstrecke wie eine Achterbahn aus einer Science-fiction-Erzählung. Kein Rennfahrer könnte sie bewältigen, höchstens die Hell Drivers. Auch der TÜV hätte ungewöhnliche Probleme bei der Sicherheitsprüfung.

Eine Besonderheit der kleinen Autos ist ihr Stopmotor. Bei arretiertem Stopmechanismus bleiben aufgezogene darda-Autos an jeder beliebigen Stelle startbereit stehen. Die Jungen machten davon vielfältigen Gebrauch: Was ein einzelnes Auto nicht schafft, das kann die Autostaffel.

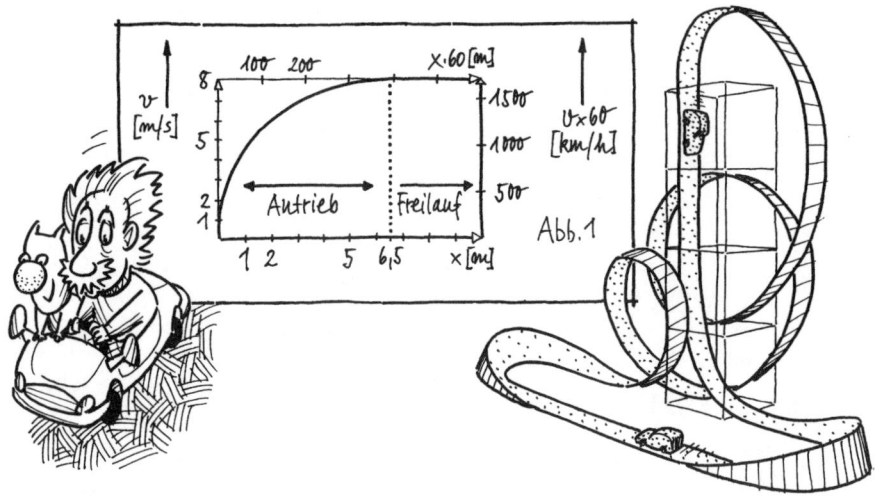

Abb. 1

Dazu stellten die Buben eine Reihe Autos mit aufgezogenem Stopmotor an strategisch günstigen Stellen der Bahn auf und starteten das erste Auto, das nach Durchlaufen einer Bahnschleife mit zwei Loopings bei fast abgelaufenem Motor das zweite anstieß und so fort. Auf bis zu drei Wechsel brachten es die Buben (mehr Stopautos hatten sie leider nicht). Im Grunde sind beliebig viele Wechsel möglich, wenn immer wieder aufgezogene Stopautos in die Startpositionen gebracht werden. Mit hundert Autos und der entsprechenden Schienenlänge könnte man glatt einen Kilometer weit und vielleicht ins Guinnessbuch der Rekorde kommen.

Der Anlauf: Dreimal vor- und zurückschieben (insgesamt etwa 80 cm Weg auf der Bahn) – und das darda-Auto ist startfertig. Ein unüberhörbares Knacken der Rutschkupplung im Federwerk zeigt an, daß die Feder ganz aufgezogen ist. Überdrehen des Uhrwerkmotors ist unmöglich. Starten! Die kleinen Flitzer fahren wie vom Katapult gestartet rasant los. In der Tat ist die Antriebsart der darda-Autos am besten einem Katapultstart vergleichbar, obwohl der Antrieb im Auto liegt. Über sechs Meter fährt das kleine Auto, bis der Motor ganz abgelaufen ist, und danach mit der gewonnenen Bewegungsenergie im Freilauf noch viele Meter weiter.

Die Buben hatten bald heraus, daß man ein Fahrzeug nicht zu kurz vor einem Looping starten darf. Es braucht Anlauf, wenn es nicht abstürzen soll. Erst nach einem Meter Weg hat es knapp die halbe Höchstgeschwindigkeit erreicht. In Abb. 1 sind die berechneten Geschwindigkeiten v eines darda-Autos, das mit voll aufgezogenem Motor startet, über den Wegstrecken x aufgetragen, außerdem die um den Maßstabsfaktor 60 vergrößerten Werte.

Denkt man sich, wie schon gesagt, die Liliput-Welt der darda-Autos und ihre Geschwindigkeiten 60fach vergrößert und in unsere Welt hineingestellt, würden die Pkws in weniger als einer hundertstel Sekunde von 0 auf 100 km/h beschleunigen und mit ihrem Uhrwerkmotor atemberaubende Geschwindigkeiten von weit über 1000 km/h erreichen. Nur in der Phantasie läßt sich die Spielzeugwelt so vergrößern, die Physik gehorcht anderen Gesetzen. Ein 60fach vergrößertes Uhrwerkauto wäre plump und schwer und könnte nicht einmal mit unseren Benzinautos konkurrieren. Das ist ebenso unmöglich wie Lemuel Gullivers Heldentaten im Land der Riesen und im Land der Zwerge. Jonathan Swift war eben kein Physiker.

Gutes altes Uhrwerk: Herkömmliche Uhrwerkautos lassen sich durch Vorwärtsschieben nicht aufziehen, und beim Rückwärtsfahren spannt sich ihre Feder ebenso langsam, wie sie sich bei der anschließenden Vorwärtsfahrt wieder entspannt. Es würde den Spaß am Spiel verderben, müßte man Spielzeugautos vor jedem Start zum Aufziehen mehrere Meter zurückfahren. Deshalb gehört zu alten Uhrwerkautos ein Schlüssel, mit dem sie direkt an der Uhrfederwelle aufgezogen werden können, wozu wenige Umdrehungen des Schlüssels genügen. In der Abb. 2 ist ein solches Uhrwerk älterer Bauart schematisch dargestellt.

Die Uhrfeder ist mit ihrem äußeren Ende am Fahrgestell und mit ihrem inneren Ende an der Uhrfederwelle befestigt, von der ein Getriebe mit großer Übersetzung (z. B. 32fach), meist in zwei Stufen, zur Antriebswelle führt, die sich also beispielsweise 32mal so schnell wie die Uhrfederwelle dreht. Gezeichnet ist nur eine einstufige Übersetzung im Verhältnis der Größen der Zahnräder $Z_1 : Z_2$. Die älteren Konstruktionen hatten allerdings – das sei zur Ehrenrettung der alten Uhrwerkspielzeuge gesagt – ein anderes Ziel: Das Spielzeugauto oder die Spielzeugeisenbahn sollten ihren großen Vorbildern ähneln und län-

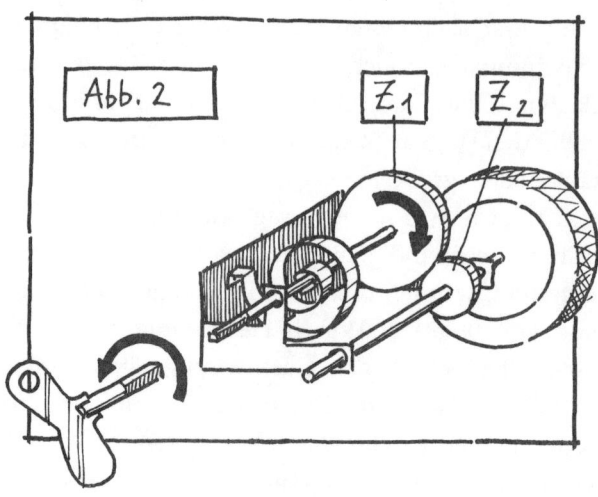

gere Zeit möglichst die gleiche Geschwindigkeit einhalten, was durch einen Geschwindigkeitsregler, meist einen schnell umlaufenden Windflügelregler, erreicht wurde. Solche Uhrwerke, die mit fast gleichbleibender Geschwindigkeit ablaufen, gibt es nach wie vor zum Beispiel in Spieldosen, die Melodien im Gleichmaß spielen sollen.

Der neue Uhrwerkmotor: Wie hat der Konstrukteur der darda-Autos erreicht, daß sich der Uhrwerkmotor eines Spielzeugautos durch Rückwärts- *und* durch Vorwärtsschieben aufziehen läßt, und zwar etwa achtmal so schnell, wie das Uhrwerk bei der Vorwärtsfahrt wieder abläuft? Das ist nicht nur getriebetechnisch bemerkenswert, sondern sogar rein logisch erstaunlich. Keine technische Erfindung der letzten Jahre hat mich ebenso begeistert wie der darda-Motor.

Helmut Darda selbst erzählt zu seiner Erfindung, daß ihm die Idee, kleinste Modellautos durch Motorkraft antreiben zu lassen, kam, als seine Kinder mit Matchbox-Autos zu spielen begannen. Er fragte sich, welche Nachteile herkömmliche Spielzeugmotoren hätten: Überdrehte Uhrwerke und verlorene Schlüssel oder schwere und teure Batterien, die viel zu schnell leer sind. Alle diese Mängel sollte es bei seinem Motor nicht geben. Fünf Jahre des Grübelns und Experimentierens vergingen, bis er sein Ziel erreicht hatte. Viele Enttäuschungen und Mißerfolge waren zu überwinden, bis die Erfindung patentiert werden konnte, die auch bei Fachleuten Anerkennung findet.

Etwas Getriebetechnik: Lassen sie mich versuchen, das Wesentliche der kunstreichen Konstruktion an zwei der fünf verschiedenen Bewegungsarten plausibel zu machen: der Vorwärtsfahrt mit Motorantrieb und dem Vorwärts-Schnellaufzug des Motors. Anders als beim alten Uhrwerkmotor ist im darda-Motor (Abb. 3 und Abb. 4) die Spiralfeder mit ihrem äußeren Ende in ein drehbares Federhaus (Zahnrad Z_1) eingespannt, das innere Ende wirkt auf ein gegenüberliegendes Zahnrad (Z_2). Beide drehen sich um dieselbe Achse. Das Geheimnis des darda-Motors liegt in den beiden Ritzeln Z_3 und Z_4 auf der Antriebswelle, die gegensinnige «Richtgesperre» (und entsprechende Freiläufe) haben, und zwar kann sich Z_3 nicht schneller, Z_4 nicht langsamer als die Antriebswelle drehen.

Bei der *Vorwärtsfahrt mit Federantrieb* (Abb. 3) drücken die gegensinnigen Drehmomente von Z_1 und Z_2 beide Ritzel in ihre Sperren, Z_3 und Z_4 bilden mit der Antriebswelle eine starre Einheit. Beide Enden der Feder wirken dabei über Getriebe auf die Antriebswelle. Woher weiß die Antriebswelle, daß sie das Auto *vorwärts* schieben soll? Die Größen der Zahnräder sind geschickt gewählt: $Z_1 = 48, Z_2 = 50, Z_3 = 16, Z_4 = 13$ Zähne. Dadurch greifen Z_1 und Z_2 mit unterschiedlich großen Übersetzungen ($Z_1:Z_3 = 3$ bzw. $Z_2:Z_4 \approx 3,85$) an der Antriebswelle an. Je größer die Übersetzung, desto kleiner das Drehmoment an der Antriebswelle – das ist jedem

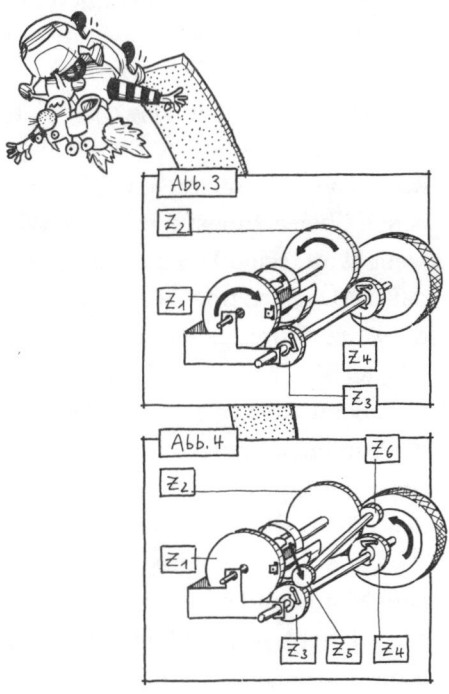

Radfahrer bekannt, der eine Gangschaltung am Rad hat. Das vorwärtstreibende Drehmoment überwiegt das rücktreibende; ihre Differenz, das Antriebsmoment, macht nur das $(Z_3/Z_1 - Z_4/Z_2) \approx 0{,}073$fache des Federmoments aus, was einer $1:0{,}073 = 13{,}7$fachen Übersetzung gleichkommt. Da man die Feder eines typischen darda-Motors etwa 9,5 Umdrehungen weit aufziehen kann, ehe die Rutschkupplung wirksam wird, ergibt sich bei einem Radumfang von 5 cm daraus eine Fahrtstrecke von etwa $9{,}5 \times 13{,}7 \times 0{,}05$ m $= 6{,}50$ m.

Danach ist der Motor ganz abgelaufen, und das Fahrzeug fährt ohne Antrieb weiter, bis die Reibung es letztendlich zur Ruhe bringt. Was pauschal «Reibung» genannt wird, setzt sich aus dem Widerstand der Luft, der Reibung im Getriebe und dem Rollwiderstand auf der Bahn zusammen. Dazu kommt der «Wellenwiderstand» durch Verbiegung des Bahngerüsts, der ebenfalls einen bedeutenden Energieverlust verursacht.

Durch Druck aufs Gehäuse wird der *Schnellaufzug* in Tätigkeit gesetzt – eine patentierte Stahlfeder drückt das Umkehrritzel Z_5 (13 Zähne), das mit dem Ritzel Z_6 (11 Zähne) auf derselben Welle sitzt, auf das Ritzel Z_3 (Abb. 4). Schiebt man das Auto mit Gehäusedruck vorwärts, im *Vorwärts-Schnellaufzug*, dreht sich das Antriebsrad in der gezeichneten Sicht entgegen dem Uhrzeiger, wird Z_4 von der Antriebswelle mitgenommen und treibt alle übrigen Zahnräder Z_2, Z_6, Z_5, Z_3 und Z_1 an. Man überzeugt sich durch Nachrechnen, daß bei den gegebenen Übersetzungsverhältnissen Z_3 etwas langsamer als die Antriebswelle läuft, seine Freilaufbedingung also erfüllt ist. Und man findet, daß die Übersetzung zwischen Federhaus und Antrieb nur 1,72fach ist, die Aufziehstrecke also nur $9{,}5 \times 1{,}72 \times 0{,}05$ m $= 0{,}82$ m beträgt, etwa 1/8 der Strecke, die der Federmotor im «Vorwärtsgang» abläuft.

Beim Rückwärts-Schnellaufzug, bei dem Z_3 von der Antriebswelle mitgenommen wird und Z_4 im Freilauf läuft, ist die Übersetzung sogar nur 1,67fach und damit die Aufziehstrecke noch ein bißchen kleiner. Rückwärts aufziehen ist deshalb noch etwas wirkungsvoller als vorwärts aufziehen. darda-Autos lassen sich außerdem, bei abgelaufenem Motor, im Freilauf vorwärts schieben, wobei das Federhaus sich einmal dreht, während die Antriebswelle 3,85 Umdrehungen ausführt. Schiebt man sie umgekehrt ohne Druck aufs Gehäuse rückwärts, zieht sich ihre Feder wie bei herkömmlichen Uhrwerkautos langsam auf, ebenso langsam, wie sie sich beim Vorwärtslauf wieder abspult. Die darda-Autos leisten alles, was man von einem Spielzeugauto erwartet – ein Präzisions-Spielzeug, das kaum Wünsche offenläßt.

Forschung mit Spielzeug: Gibt es die? Ich könnte von den Experimenten der zwei Buben berichten, den Luftwiderstand der Autos durch einen Windschild drastisch zu erhöhen, oder von ihrem Versuch, ein darda-Auto zum Fliegen zu bringen. Mit Tragflügeln aus gewölbter Pappe und ohne Höhenruder gelang ihnen nur ein flacher Gleitflug, weil die Räder auf der Startbahn durchdrehten. Sie hätten ein regelbares Höhenruder gebraucht, um ihr Flugauto während des Anlaufs an den Boden zu drücken und das Ruder erst bei hinreichend großer Geschwindigkeit auf «Steigen» zu stellen. Aber das war eine Nummer zu kompliziert. darda-Autos waren sogar schon im Weltraum, nämlich 1992 mit der Raumfähre Discovery im Rahmen des Programms «Toys in Space». Alle diese kleinen Versuche zähle ich zum Spiel. Gibt es echte Forschung mit darda?

In der Tat haben darda-Autos eine nicht zu vernachlässigende Rolle bei den Experimenten zum Nachweis der Quanten der «Schwachen Wechselwirkung» gespielt, für die Carlo Rubbia vom CERN 1984 den Physik-Nobelpreis erhielt. Eine Arbeitsgruppe an der Rheinisch-Westfälischen Technischen Hochschule Aachen unter der Leitung von Professor Helmut Faissner steuerte zu diesem Experiment eine «Driftkammer» bei, deren bis zu 8 m lange Drift-Rohre vom rechteckigen Querschnitt 5×15 cm verkabelt werden mußten. Zu diesem Zweck wurden durch die Drift-Rohre darda-Autos mit dünnen Nylonfäden geschickt, an denen danach die Kabel eingezogen werden konnten. Die kleinen Flitzer aus Blumberg haben also sogar ein kleines Stückchen vom Nobelpreis verdient.

Pieter Bruegels Windräder

«Kinderspiele»: Unter den vielen bunten Figurengruppen auf dem berühmten Gemälde von Pieter Bruegel d. Ä. aus dem Jahr 1560 erkennt man zwei Mädchen, die sich wie bei einem Ritterturnier mit Lanzen gegenüberstehen. Doch die Lanzen haben keine Spitze, sondern einen Querstab mit zwei Flügeln, der einem Windrad ähnelt. Es sind Windräder, die heute keiner mehr kennt. Ihre Flügel stehen steif von dem Rotorholm ab, und da sie in einer Ebene quer zur Drehachse liegen, wie könnte der Wind sie in Bewegung setzen? Befremdlich ist auch die Befestigung der flachen zweiflügeligen Rotoren auf der Stirnseite des langen Haltestabs. Wenn kein natürlicher Wind weht, müßte man den Stab nach vorn stoßen, um Fahrtwind zum Antrieb des Windrads zu erzeugen. Unser erster Gedanke war daher, der Maler müsse die Windräder wohl nach seiner unvollkommenen Erinnerung aus dem Gedächtnis gemalt haben und nicht nach der Wirklichkeit. Auch die Kindergesichter auf Bruegels Gemälde sehen alt aus und nicht wie nach dem Leben gezeichnet.

Der nächste Gedanke brachte uns der Lösung des Rätsels näher. Wenn die Flügel nicht steif wären, wie zuerst angenommen, sondern elastisch, könnte der Wind sie umbiegen. Die gebogenen Flügel würden den Wind aus seiner Richtung ablenken, und der Rückstoß des Windes könnte das Windrad drehen. Also rasch den Gedanken in die Tat umsetzen und ein solches Windrad bauen; am besten vier Flügel vorsehen statt der zwei, damit der Rotor stabil umläuft, dazu den Holm des Rotors zwischen zwei Schmuckperlen

betten wie in ein primitives Kugellager, um die Reibung zu verringern.

Hurra! Unser Windrad mit den biegsamen Flügeln läuft wunderbar. Mit seinen vier leichten Flügeln aus vier mal vier Zentimeter Schreibmaschinenpapier läuft es sogar schon bei schwachem Wind. Dabei machen wir eine weitere Beobachtung, die uns schon vorher hätte einfallen können: Wenn wir unseren Wind selbst erzeugen, indem wir das Windrad in Richtung der Drehachse, senkrecht zum Rotor, durch die Luft schwenken, ist es gleichgültig, ob der Wind von vorn oder von hinten kommt. Zwar werden die Flügel vom jeweiligen Fahrtwind in die eine oder die andere Richtung gebogen, aber die Ablenkung des Windes erfolgt beide Male in die gleiche Richtung. Daher muß der Wind den Rotor im gleichen Drehsinn drehen. Die Kinder in Bruegels Bild brauchten also ihr Windrad nur hin- und herzuschwenken, um es zum Laufen zu bringen!

Schließlich fanden wir sogar noch einen Sinn in der ungewöhnlichen Stellung der Windrad-Rotoren an der Stirnseite des Stabes auf Bruegels historischem Bild. Wie üblich hatten wir nämlich unsere

Windflügel zuerst seitlich am Haltestab angebracht. Obwohl wir eine Holzperle als Abstandshalter zwischen Stab und Rotor auf die Achse gesteckt hatten, schlugen die Flügel schon bei mäßigem Wind am Stab an. Das konnte den beiden Mädchen auf dem Bild nicht passieren. Unser Folgemodell statteten wir deshalb mit einer Art Galgen aus, der die Flügel vom Haltestab fernhielt, wie sehr sie sich auch bogen. Eine einfachere Lösung wäre es, den Haltestab vorn schräg abzuschneiden und den Rotor auf die Schräge zu montieren.

Das Drehmoment der Windkräfte: Die Drehung des Windrädchens beim Hin- und Herschwenken ist schwer zu berechnen. Wir können aber die stationäre Drehung mit der Frequenz f (Zahl der Umläufe pro Zeit) studieren, die sich bei konstantem Fahrtwind U senkrecht zur Flügelebene einstellt. Zusätzlich zur Geschwindigkeit U hat die Winkelgeschwindigkeit $\omega = 2\pi f$ des Rotors (je nach Flügelanordnung links oder rechts herum) in der Ebene des Rotors einen entgegengesetzt gerichteten Fahrtwind der Geschwindigkeit $r\omega$ zur Folge. Für schmale Flügel (Breite b klein gegen

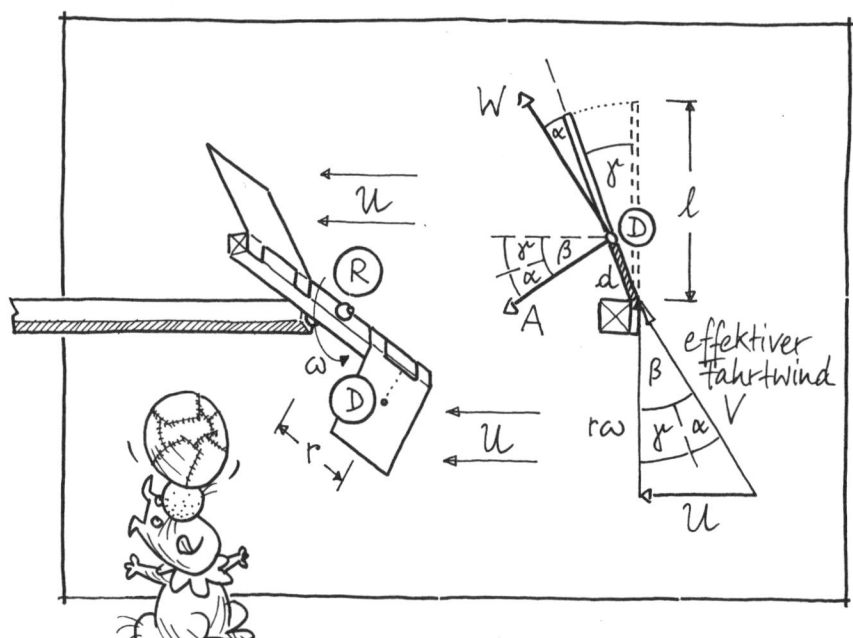

den Abstand r von der Rotorachse) braucht die Veränderlichkeit von $r\omega$ über die Flügelbreite nicht berücksichtigt zu werden. Die beiden Anteile des Fahrtwinds, $r\omega$ in der Rotorfläche und U senkrecht dazu, rechnen sich nach dem Satz des Pythagoras zum effektiven Fahrtwind $V = \sqrt{U^2 + (r\omega)^2}$ zusammen, der aus der Richtung β kommt. Man nennt das Verhältnis $\lambda = r\omega/U = \cot\beta$ die Schnellaufzahl des Windrades.

Bei stationärem Umlauf des Windrades verändert sich die Form des Flügels nicht, und die Kräfte des Windes bleiben, vom Flügel aus gesehen, immer gleich. Wie bei starren Flügeln kann man daher die Wirkung der Luft durch die resultierende Kraft auf den Flügel im Druckpunkt ersetzen, die man in den Widerstand W (in Richtung des wirksamen Windes V) und den Auftrieb A (senkrecht dazu) aufteilt. Der Name «Auftrieb» kommt aus der Flugzeug-Aerodynamik und hat beim Windrad keine anschauliche Bedeutung. Der Druckpunkt D ist der «Angriffspunkt» der Windkräfte, in bezug auf den sie kein Drehmoment auf den Flügel ausüben. Das Drehmoment M der Windkräfte um die Drehachse R ist für n gleiche Flügel im Abstand r von der Drehachse: $M = nr(-A\sin\beta + W\cos\beta)$.

Bei technischen Windrädern dient das Drehmoment M zum Beispiel als Antriebsmoment für Pumpen oder für Generatoren zur Stromerzeugung. Spielzeugwindräder, die nicht mehr leisten sollen, als sich im Winde zu drehen, haben außer dem geringen Luftwiderstand der Flügelholme nur das kleine Reibungsmoment im Lager zu überwinden. Die großen Drehmomente von Auftrieb und Widerstand der Flügel stehen also nahezu miteinander im Gleichgewicht. Unser Spielzeugwindrädchen dreht sich daher in guter Näherung momentenfrei: $M = O$ oder $\cot\beta = A/W = \varepsilon$. Das Verhältnis Auftrieb zu Widerstand, die Gleitzahl ε, ist ein aerodynamisches Gütemaß des Flügels bei gegebener Anströmung. Wir kommen zu dem Ergebnis: Beim momentenfreien Windrad ist die Schnellaufzahl gleich der Gleitzahl, $\lambda = \varepsilon$, und das Rad läuft mit der Frequenz $f = (U/2\pi r)\varepsilon$ um.

Die Verbiegung der Flügel befähigt den Wind, Windräder mit biegsamen Flügeln in Drehung zu versetzen, die bei Windstille in einer Ebene senkrecht zur Drehachse liegen. Aber Auftrieb A und Widerstand W, die das Antriebsmoment des Windrades bestimmen, reichen zur Bestimmung der Biegeformen elastischer Flügel und damit ihrer aerodynamischen Eigenschaften nicht aus. Nimmt man von den Windkräften nicht mehr zur Kenntnis, läßt sich ein elastischer Flügel nicht genauer beschreiben als durch eine starre Flügelklappe, die sich gegen den Widerstand einer elastischen Feder um ihre Vorderkante drehen läßt. Dieses einfachste Modell des elastischen Flügels läßt sich beim Spielzeug-Windrädchen sogar recht gut durch Papierflügel verwirklichen, die mit schmalen Stegen auf dem Holm befestigt sind und sich vorzugsweise an dieser Schwachstelle verbiegen.

Das von der Feder auf den Flügel übertragene Moment, das bei kleinen Verdrehungen proportional zum Winkel γ angenommen wird, $M_b = k\gamma$ (k Federsteifigkeit), steht im Gleichgewicht mit dem Moment Nd der Windkraft $N = A \cos\alpha + W \sin\alpha$ senkrecht auf den Flügel. Der Hebelarm d der Kraft ist der Abstand des Druckpunkts D von der Vorderkante. Durch Gleichsetzen der beiden Drehmomente findet man den Verbiegungswinkel $\gamma = dN/k$. Nehmen wir an, daß die Auslenkung γ positiv ist, wenn der Anstellwinkel α positiv ist (wie bei ebenen Flügeln ohne den dicken Holm an der Anströmkante), ergänzen sich die Winkel α und γ zu β, und es gilt $\gamma = \beta - \alpha$.

Aerodynamische Beiwerte: Um aus den kinematischen Beziehungen und Gleichgewichtsbedingungen auf die Frequenz f schließen zu können, mit der sich ein elastisches Windrad im Winde dreht, muß man die Windkräfte auf ihre Ursache, den effektiven Wind V, zurückführen, der den Flügeln des drehenden Windrads aus der Anströmrichtung α entgegenkommt. Auftrieb und Widerstand der Flügel sind aus Dimensionsgründen von der Flügelfläche F und dem «Staudruck» $\rho V^2/2$ abhängig (Luftdichte $\rho = 1{,}3$ kg/m^3): $A = (\rho/2) V^2 F c_a(\alpha)$ und $W = (\rho/2) V^2 F c_w(\alpha)$. Die dimensionslosen Proportionalitätsfaktoren c_a (Auftriebsbeiwert) und c_w (Widerstandsbeiwert) sind für jede Flügelform empirische Funktionen des Anstellwinkels α. Vom Druckpunkt D wird angenommen, daß seine Lage, gemessen durch den Abstand von der Flügelvorderkante, nur vom Anstellwinkel abhängt: $d(\alpha)$.

Nach Ersetzung von A und W bilden die Gleichungen einen vollständigen Satz zur Bestimmung der Frequenz f des Windrads bei Vorgabe des Windes U: (1) $\varepsilon = c_a(\alpha)/c_w(\alpha) = \cot\beta$, (2 und 3) $\gamma = \beta - \alpha = q(1+\varepsilon^2)(c_a \cos\alpha + c_w \sin\alpha)$ mit der Abkürzung (4) $q = \rho U^2 F d(\alpha)/2k$ und (5) $f = (U/2\pi r)\varepsilon$. Zur direkten Lösung der Aufgabe läßt sich aus den Gleichungen durch Elimination von ε, β und q eine Gleichung für α gewinnen, in der außer $\sin\alpha$ und $\cos\alpha$ die empirischen Funktionen $c_a(\alpha)$, $c_w(\alpha)$ und $d(\alpha)$ vorkommen. Die Lösung dieser Gleichung ist schwierig. Wir umgehen das Problem, indem wir den umgekehrten Weg beschreiten, α vorgeben und sowohl f als auch U bestimmen.

Ein Beispiel: Das Musterwindrädchen ($F = 16$ cm^2, $r = 10$ cm, $k = 4 \cdot 10^{-4}$ Nm – Newtonmeter = kg m^2/s^2) möge mit dem Anstellwinkel $\alpha = 15$ Grad laufen. Zu diesem α denken wir uns $c_a = 2{,}0$, $c_w = 1{,}0$ und $d = 2{,}0$ cm aus einschlägigen Diagrammen oder Tabellen entnommen. Aus (1) folgt $\varepsilon = 2{,}0$ und $\beta = 26{,}6$ Grad, aus (2) $\gamma = 11{,}6$ Grad $= 0{,}20$ im Bogenmaß. Daraus errechnet sich nach (3) $q = 0{,}02$ und nach (4) $U = 0{,}62$ m/s. Der vorgewählte Anstellwinkel von 15 Grad entspricht also einer sanften Bewegung des Windrads. Mit dem Wert von U finden wir nach (5) die Frequenz $f = 2$ Umdrehungen pro Sekunde. Durch Iteration von α lassen sich weitere Paare U und f errechnen und, wenn man will, die Umdrehungszahl f als Funktion der Windgeschwindigkeit U darstellen.

An die Genauigkeit der Ergebnisse darf man keine hohen Anforderungen stellen. Die Vereinfachungen sind beträchtlich, und nicht alle Daten sind genau bekannt. Zum Beispiel hängt die Steifigkeit der Flügel von der Breite der Stege ab, die sie mit dem Holm verbinden, und empfindlich von der Feuchtigkeit des Papiers. Trotzdem erklärt das vorliegende mathematische Modell die Einflüsse der Windstärke U, der Flügelfläche F, der Steifigkeit k usw. auf den Lauf des elastischen Windrads überzeugender als eine detailliertere numerische Simulation. Mit den Ergebnissen läßt sich auch die durchschnittliche Drehzahl des Windrädchens beim Hin- und Herschwenken schätzen, allerdings nicht zahlenmäßig angeben. Sie erfordert die Berechnung der zeitabhängigen Verbiegung und Umströmung der Flügel beim Beschleunigen und Abbremsen des Windrads unter Berücksichtigung der Massenträgheit des Rotors.

Aero-Elastik: Das elastische Windrad ist eine der einfachsten Aufgaben aus der Wissenschaft von der Wechselwirkung elastischer Strukturen mit Luftströmungen, der «Aero-Elastik». In ihr Anwendungsgebiet gehört auch die Tonerzeugung in zahlreichen Blasinstrumenten, zum Beispiel die Anregung der Zungenpfeifen einer Mundharmonika, das dem Pfeifen auf einem Grashalm verwandte Schwingen des Rohrblatts der Oboe und die Schwingung der Lippen der Blechbläser. Die wenigsten dieser Probleme sind wissenschaftlich erforscht. Professionelle Aero-Elastiker beschäftigen sich lieber mit dem technisch wichtigen Problem des Flügelflatterns großer Verkehrsflugzeuge. Bei Windkraftanlagen denkt man darüber nach, ob sich die elastische Nachgiebigkeit der Flügel eines Windrades zur selbsttätigen mechanischen Drehzahlregelung, zur Verbesserung der Leistung oder zur Sturmsicherung der Anlage ausnutzen läßt.

Der Klettermann

Spurensuche: Im Advent treffen wir sie jedes Jahr auf dem Christkindlesmarkt wieder: die kleinen hölzernen Figuren, die behende an der Schnur hochklettern. In ihrer Heimat, dem Erzgebirge, sind sie traditionell Bergsteiger, aber wir sehen auch Clowns, Schornsteinfeger und Kletteraffen.

Sechs Zentimeter mißt der Klettermann made in Germany, siebeneinhalb sein Konkurrent aus Italien. Ziehen wir die Schnur straff, streckt sich der kleine Mann und schiebt die Hände gegen den Widerstand der rauhen Schnur nach oben, als wolle er wie ein richtiger Seilkletterer am Seil nachfassen. Lassen wir die Schnur locker, klammern sich die Hände an der Schnur fest, und das Männchen zieht die Beine an, während die Schnur zwischen den Knien nach unten durchgleitet. Strecken und Beugen, so bringt der Klettermann Schritt für Schritt die Schnur hinter sich. Ich bewundere den unbekannten Erfinder, der mit einfachsten Mitteln durch kluge Ausnutzung von Haftung und Gleitreibung zwischen Schnur und Körper und geschickten Einsatz des Hebelgesetzes ein Spielzeug schuf, das die Illusion des Kletterns in nahezu vollkommener Weise verwirklicht. Es ahmt die Arbeitsgänge beim Seilklettern nicht nur nach, sondern führt sie in vereinfachter Form aus. Lediglich die zum Strecken nötige Kraft kann der Klettermann nicht selbst aufbringen. Dabei müssen wir ihm helfen.

Woher kommt dieses Spielzeug, und wie alt ist es? Bei unserer Spurensuche in der Vergangenheit des Klettermanns stießen wir auf einen erzgebirgischen Spielzeugmacher aus Seiffen, der die Kletterfigur im Jahre 1957 als Gebrauchsmuster anmeldete. Er hielt sich aber selbst nicht für den Erfinder, sondern erinnerte sich, ein Plastikspielzeug aus der Lausitz als Vorbild gehabt zu haben, und da verliert sich vorläufig die Spur. Inzwischen hat das Erzgebirge Konkurrenz im Südtiroler Grödnertal bekommen, wo man sich sogar einen vereinfachten Haftmechanismus an den Händen einfallen ließ, der aber weniger wirkungsvoll ist.

Elemente: Auf das Wesentliche reduziert, ist der Klettermann ein beweglicher Winkel (α) mit dem Scheitel im Hüftgelenk am Gesäß Ⓖ und zwei gleichlangen Schenkeln (Länge ℓ), dem Armhebel und dem Beinhebel. Wir haben uns ein großes Funktionsmodell dieses Mechanismus aus Holzleisten, Schrauben und Federn gebaut, an dem wir die Parameter variieren und Messungen vornehmen können. Das Modell ist eindrucksvoll, aber so groß, daß die Länge meiner Arme nur

für zwei bis drei Schritte ausreicht. Die Schnur schlingt sich von der Hand Ⓗ über das Knie Ⓚ zum Fuß Ⓕ. Zwischen Kopf und Fuß (bei den «Italienern» von der Hand zum Knie) spannt sich ein weiches Gummiband, das die Funktion der Bauchmuskulatur hat und beim Lockerlassen der Schnur das selbsttätige Anziehen der Beine besorgt. Gleichviel, zwischen welchen Punkten der Gummi gespannt ist, die von ihm herrührende Federkraft F zwischen Hand und Knie ist eine Funktion des Öffnungswinkels α, $F(\alpha)$, die man sich für einen Gummi mit bekanntem Elastizitätsgesetz ausrechnen oder aber (bei ungespannter Schnur) mit einer Federwaage ausmessen kann. Die Gesamtkraft zwischen der Hand Ⓗ und dem Knie Ⓚ ist die Summe der inneren Schnurkraft S' in der Schnur und der Spannkraft F des Gummis, $S' + F$.

Wichtig sind die unterschiedlichen Hebelarme ℓ bzw. $\ell - d$ am Arm- und am Beinhebel, die dafür sorgen, daß die innere Schnurkraft S' zwischen Hand und Knie größer werden kann als die Kraft S, mit der

außen an der Schnur gezogen wird. Nur wenn S' erheblich größer als S ist, kann die Hand in der Streckphase an der Schnur entlang nach oben gleiten oder, was das gleiche ist, die Schnur an der Hand nach unten durchgezogen werden.

Zwei grundverschiedene Haftmechanismen: Wenn sich der Klettermann beim Strecken mit den Beinen und beim Beugen mit den Händen an der Schnur festhält, sind an den Berührstellen Haftkräfte am Werk, die erfolgreich Widerstand gegen Verschiebung leisten. Für die Funktion des Spielzeugs ist es entscheidend, daß die Haftung an den Beinen durch «Selbsthemmung» wirkt (das heißt: je stärker an der Schnur gezogen wird, desto fester kann er haften), während die Haftkraft an den Händen durch eine vom Schnurzug so gut wie unabhängige «Haftgrenze» beschränkt ist. An den Händen und den Beinen wirken also zwei ganz verschiedene Haftmechanismen.

Die unterschiedlichen Hebelarme am Arm- und am Beinhebel, die ungleichen Haftungsmechanismen an Händen und Beinen und die Spannkraft des Rückholgummis machen das Klettern möglich. Das gilt allerdings nur dann, wenn die Parameter aufeinander abgestimmt sind. Auf den Christkindlesmärkten begegnet man gelegentlich Klettermännern, vor allem solchen aus Fernost, die zwar in guter Absicht, aber bis zur Funktionsuntüchtigkeit glattlackiert sind. Vor ein paar Jahren habe ich auf einem Weihnachtsmarkt eine ganze Serie solcher Klettermänner billig erstanden und mit einem Messer und etwas Sandpapier in kurzer Zeit flottgemacht. Bei großen Klettermännern läßt sich der Einfluß des Gewichts nicht mehr übersehen – mein größter Mann mißt einen ganzen Meter, er war schon einmal Fernsehstar. Damit der große Klettermann nicht in der Beugephase an der Schnur nach unten rutscht, braucht man große Haftkräfte, deren Überwindung beim Strecken ordentlich Mühe macht.

Die Haftgrenze an den Händen: Bei dem erzgebirgischen Klettermann wird die Schnur zwischen den elastisch aufeinandergepreßten Händen festgehalten. Die Schnur haftet an den Händen, sofern sich die Schnurkräfte S und S' zu beiden

Seiten der Hände um weniger als die größtmögliche Haftkraft oder «Haftgrenze» H_0 unterscheiden, $|S'-S| < H_0$. Wird diese Haftbedingung verletzt, rutscht die Schnur nach unten oder oben durch, je nachdem, ob S' größer als S oder S größer als S' ist. Die Haftgrenze H_0 hängt nach der Modellvorstellung der Technischen Mechanik nur von der Anpreßkraft und der Rauhigkeit der berührenden Flächen ab und ist jedenfalls unabhängig von den Schnurkräften. Allerdings winkelt der Holzstift an den Händen die Schnur doch etwas ab. Daher tritt auch an den Händen «Selbsthemmung» ein, die aber wegen der Geringfügigkeit der Richtungsänderung nur wenig zur Haftkraft beiträgt und vernachlässigt wird. In dem erwähnten Funktionsmodell haben wir die Schnur an der entsprechenden Stelle durch ein Kugellager umgelenkt, um den unerwünschten Effekt von vornherein auszuschließen. Bei dem Klettermann aus dem Grödnertal läuft die Kletterschnur an der Hand unter dem Rückholgummi durch, der mehrfach um den Holzstift geschlungen und festgezurrt ist, und die Haftgrenze liegt wohl etwas niedriger.

Die Selbsthemmung an den Beinen: Die Schnur wird am Knie Ⓚ und am Fuß Ⓕ durch zwei Holzstifte umgelenkt. Wird sie am einen Ende mit der Kraft S gehalten, kann man auf der Gegenseite mit einer viel größeren Kraft S' an ihr ziehen, bevor sie zu rutschen beginnt. Sie zieht sich fest wie an einem Poller das Seil des Matrosen, der mit einer Hand mühelos ein großes Schiff an der Landungsbrücke halten kann, wenn er das Halteseil mehrfach um den Poller schlingt. Der Unterschied zwischen S' und S wird durch Haftkräfte am Holzstift aufgebracht, deren Größe von der Schnurkraft selbst abhängt, weshalb man von Selbsthemmung spricht. Außer mit S wächst die Obergrenze der Haftkraft, die am Kontakt aufgebracht werden kann, sehr rasch (exponentiell), mit dem Umlenkwinkel ϕ der Schnur:

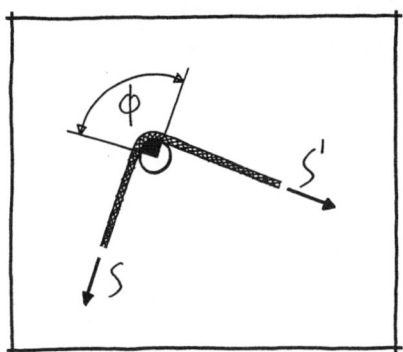

$S' < S \exp(\mu_0 \phi)$. Der Winkel ϕ ist die Summe der Richtungsänderungen der Schnur am Knie und am Fuß ohne Rücksicht auf den Richtungssinn, μ_0 ein Haftungskoeffizient. Wenn der Matrose sein Seil nur zweimal um den Poller legt ($\phi = 4\pi$), kann die Kraft S' schon bei geringer Rauhigkeit des Pollers ein Vielfaches der Kraft S betragen, mit der er zieht, ohne daß das Seil ins Rutschen kommt, bei $\mu_0 = 0{,}2$ zum Beispiel das Elffache.

Bedingungen für die Funktionsfähigkeit: Um zahlenmäßig Bedingungen für die Grenzen der Funktionsfähigkeit des Mechanismus anzugeben, müssen wir etwas tiefer in die Technische Mechanik eindringen. Das Hebelgesetz macht es möglich, daß die Kraft S, mit der außen an der Schnur gezogen wird, innen zwischen der Hand Ⓗ und dem Knie Ⓚ eine größere Kraft S' weckt. Falls die Schnur innen straff ist ($S' > 0$), läßt sich S' mit dem Momentengleichgewicht und ein wenig Trigonometrie aus S berechnen. Das Gleichgewicht der Drehmomente um das Hüftgelenk Ⓖ verlangt am Armhebel

$$-S\ell \cos\frac{\alpha}{2} + (S' + F)\,\ell \sin\gamma = 0\,.$$

(Wir hätten ebensogut den Beinhebel zugrunde legen können.) Die Federkraft F des Rückholgummis, die als Funktion des Winkels α vorausgesetzt wird, unterstützt die Schnurkraft S'. Weiter ergibt sich aus dem Sinussatz für das Dreieck HKG

$$\ell \sin\gamma = (\ell - d) \sin(\gamma + \alpha)\,.$$

Die Auflösung dieser Gleichung nach $\sin\gamma$ und trigonometrische Umformung liefert $\sin\gamma = \cos(\alpha/2)/f(\alpha)$ mit der Abkürzung

$$f(\alpha) = \frac{1}{1-\dfrac{d}{\ell}} \sqrt{1 - \frac{d}{\ell} + \left(\frac{d}{2\ell \sin(\alpha/2)}\right)^2}\,.$$

Setzen wir dieses Ergebnis in das Momentengleichgewicht ein, läßt sich S' als Funktion von S und α bestimmen:

$$S' = S f(\alpha) - F(\alpha)\,.$$

Für den typischen Wert $d/\ell = 0{,}65$ variiert $f(\alpha)$ im Arbeitsbereich von 30 bis 150 Grad zwischen den Werten 4,0 und 1,9. Wichtig ist für die spätere Argumentation, daß $f(\alpha)$ für alle Winkel zwischen 0 und 180 Grad und alle d zwischen 0 und ℓ größer als 1 ist.

Auch der resultierende Umlenkwinkel an den Füßen Ⓕ und den Knien Ⓚ,

$$\Phi = \frac{\pi - \alpha}{2} + \beta = \frac{3(\pi - \alpha)}{2} - \gamma,$$

läßt sich mit Hilfe der Formel für $\sin\gamma$ als Funktion des Winkels α und des Parameters d/ℓ numerisch berechnen. Damit können wir zu gegebenem Haftungskoeffizienten μ_0 die Exponentialfaktoren $\exp(\pm\mu_0\Phi)$ als Funktionen von α ausrechnen und haben, zusammen mit der bekannten Kraft $F(\alpha)$ des Rückholgummis und der Geometriefunktion $f(\alpha)$, alle Hilfsmittel bereitgestellt, die Haftgrenzen zu bestimmen. Leider wird die Beschreibung des Spielzeugs durch die komplizierten trigonometrischen Beziehungen erheblich erschwert.

Das Strecken: Solange nicht an der Schnur gezogen wird ($S = 0$), drückt die Federkraft des Rückholgummis die Arm- und Beinhebel des Klettermechanismus an den Anschlag (kleinstmöglicher Öffnungswinkel). Das theoretische ebenso wie das praktische Spiel mit dem Klettermann beginnt damit, daß die Schnur an beiden Enden gefaßt und gespannt wird ($S > 0$), wodurch sie sich auch innen strafft ($S' > 0$). Steigert man die Schnurkraft S, wird zunächst der Anschlag entlastet, bis sich die beiden Hebelarme voneinander lösen. Bei den kleineren Klettermännern beobachtet man anschließend einen «toten Gang», in dem sich der Winkel α mit wachsender Kraft S weiter öffnet, ohne daß der Faden an den Händen oder den Beinen durchrutscht. Offensichtlich drückt der Rückholgummi anfangs auf die Kletterschnur und winkelt sie etwas ab. Der Bewegungsspielraum geht verloren, sobald die Schnur zwischen Ⓗ und Ⓚ ganz gestreckt ist. Bei weiterer Steigerung von S machen die Haftkräfte, die an den Händen und Beinen die Schnur festhalten, den Mechanismus zunächst starr, wenn sich die Schnur nicht dehnt. Wären beliebig große Haftkräfte möglich, bliebe der Klettermann bei beliebig großen Schnurspannungen S bis zum Reißen der Schnur unbeweglich. Am Beinhebel haftet die Schnur in der Streckphase in der Tat unter beliebiger Belastung S durch Selbsthemmung, anders an den Händen. Dort kann die Haftkraft $H = S' - S$ nicht größer werden als die feste Haftgrenze H_0. Wenn mit genügend großer Kraft S gezogen wird, rutschen die Hände an der Schnur entlang, und zwar (wie zum Strecken erforderlich) nach oben.

Überzeugen wir uns, ob und unter welchen Bedingungen Haften an den Beinen möglich ist, an den Händen dagegen nicht! Für die Beine lautet die Haftbedingung $S' = Sf(\alpha) - F(\alpha) < S \exp(\mu_0 \Phi)$ oder

$$-F(\alpha) < (e^{\mu_0 \Phi} - f(\alpha)) S.$$

Da in der Schnur nur Zugspannungen wirken ($S > 0$), ist die rechte Seite positiv, wenn μ_0 und Φ groß genug sind, und damit ist Haftung für alle S gewährleistet. An den Händen verlangt die Haftung $S' - S = (f(\alpha) - 1) S - F(\alpha) < H_0$ oder

$$S < \frac{F(\alpha) + H_0}{f(\alpha) - 1}.$$

Da $f(\alpha)$ größer als 1 ist, worauf schon hingewiesen wurde, stellt die rechte Seite der Ungleichung eine positive Kraft dar. Also ist die Haftbedingung bei schwachem Zug S erfüllt. Sie ist aber für hinreichend große S verletzt, das heißt, bei genügend starkem Zug an der Schnur halten die Beine die Schnur fest, während die Hände an der Schnur nach oben rutschen.

Während der Klettermann sich streckt, ist der Mechanismus vorübergehend nicht im mechanischen Gleichgewicht, sondern seine Glieder bewegen sich unter der Wirkung mehrerer Kräfte: der Schnurkräfte, der Gummispannung und der Gleitreibungskraft, die anstelle der Haftkraft beim Gleiten der Schnur an den Händen auf den Holzstift wirkt. Die Bewegung kommt spätestens beim größtmöglichen Öffnungswinkel am Anschlag zum Stillstand, wonach sich die Schnurkraft ohne sichtbare Wirkung bis zum Reißen der Schnur steigern ließe. Man kann die Bewegung aber schon vorher anhalten, indem man mit dem Schnurzug nachläßt.

Das Beugen: Im Experiment wird die Schnurkraft S so lange verkleinert, bis das Männchen mit Hilfe des Rückholgummis die Beine anzieht und die Schnur nach unten durchgleitet. Kann man dieses Verhalten theoretisch erklären? Wäre es nicht denkbar, daß die Hände bei nachlassender Kraft S an der Schnur zurückrutschen? Dazu müßte allerdings S' kleiner als S werden, und zwar so viel kleiner, daß die Haftkraft an den Händen die Schnur nicht mehr festhalten könnte. Man kann zeigen, daß Haftung an den Händen immer gewährleistet ist, wenn die Haftgrenze H_0 größer als die Federkraft des Rückholgummis bleibt. Diese Voraussetzung braucht aber nicht erfüllt sein. Bei den erzgebirgischen Klettermännern läßt die Anpreßkraft an den Händen nach längerem Gebrauch nach, dann kann die Schnur beim Entlasten durch die Hände zurückrutschen. Solche Klettermänner kommen nicht mehr voran. Bei den Klettermännern italienischer Provenienz kann dieser Fehler nicht auftreten, solange der Gummi hält.

Wie steht es um das Haften der Schnur an den Beinen? Wenn beim Entlasten auch die Beine die Schnur festhalten, kommt das Männchen ebenfalls nicht vom Fleck. Mit abnehmender Schnurkraft S wird aber die Haftgrenze an den Beinen erreicht, ehe die Schnurkraft S' im Innern zu Null wird. Deshalb kann es nicht vorkommen, daß die Schnur zwischen den Hebeln erschlafft, während sie noch an ihnen beiden haftet, was bedeuten würde, daß der Mechanismus, statt zu klettern, nur auf- und zuklappt wie ein Taschenmesser mit einem Stück Schnur dazwischen.

Prüfen wir die Haftbedingungen nach! Die Hände rutschen nicht zurück, wenn beim größten Öffnungswinkel $S < S' + H_0$ bleibt, worin $S' = S f(\alpha) - F(\alpha)$ bedeutet, das heißt

$$S > \frac{F(\alpha) - H_0}{f(\alpha) - 1}.$$

Die Haftbedingung ist für beliebig kleine Kräfte S erfüllt, wenn die Federkraft $F(\alpha)$ im Rückholgummi höchstens so groß wie die maximal mögliche Haftkraft H_0 ist. An den Beinen kann die Schnur nicht nach unten durchrutschen, solange beim größten Öffnungswinkel die Haftbedingung $S < S' \exp(\mu_0 \Phi)$ erfüllt ist, das heißt

$$S > \frac{F(\alpha)}{f(\alpha) - e^{-\mu_0 \Phi}}.$$

Die rechte Seite ist eine positive Kraft, vorausgesetzt, der Rückholgummi ist intakt ($F > 0$). Vom Umlenkwinkel Φ muß man dazu nur wissen, daß er für alle Öffnungswinkel α positiv ist. Die Haftbedingung wird also verletzt, wenn die Kraft S klein genug geworden ist. Bei größeren Klettermännern, deren Gewicht man nicht vernachlässigen darf, muß die Federkraft F eine Mindestgröße haben, damit der Klettermann beim Beugen die schweren Beine heben kann. Beim Überschreiten der Haftgrenze ist $S' = S \exp(-\mu_0 \Phi) > 0$. Die Schnur ist also zwischen den Händen und den Knien immer noch gespannt, während sie an den Beinen nach unten durchrutscht. Sie braucht nicht durch ihr Eigengewicht durchzufallen, sondern wird durchgezogen.

Noch viele Fragen: Unsere Überlegungen können nicht Anspruch auf wissenschaftliche Vollständigkeit erheben. Ein Ingenieur möchte zum Beispiel wissen, wie er das Verhältnis d/ℓ wählen muß, damit das raffinierte Kerlchen möglichst große Schritte macht, oder wie sich das Gewicht auswirkt, das mit wachsender Größe der Klettermänner an Einfluß gewinnt. Der Klettermann braucht unsere Hilfe, um sich zu strecken. Wenn er nach 20 oder 30 Zyklen das Ende der Schnur erreicht, stellt sich heraus, daß er noch etwas anderes nicht allein vermag, das richtige Kletterer können: Er kann ohne unsere Hilfe nicht zurückklettern. Wir müssen ihn mit sanfter Gewalt an den Anfang der Schnur zurückschieben.

Die Möwe Jonathan

Vogeltaufe: Als ich den großen weißen Vogel zum ersten Mal seine langen Flügel ruhig und in vollendetem Gleichmaß auf und ab schwingen sah, war ich überzeugt, daß er Jonathan Livingston Seagull verkörpert, die eigenwillige «Möwe Jonathan» aus Richard Bachs bekannter Novelle. Erinnern Sie sich an die Parabel von der Möwe, die sich im Streben nach Vollkommenheit von ihrem Schwarm trennt und den Sinn des Lebens im meisterlichen Flug findet? «Um in Gedankenschnelle zu fliegen», sagt die Möwe, «mußt du schon vor Beginn wissen, daß du angekommen bist.» Spüren sie den Hauch von Zen-Buddhismus? Die Suche nach der Wahrheit findet im Hier und Jetzt statt, sagt der Meister. Wer die Wahrheit in der Ferne sucht, wird sie nirgends finden.

Mechanisch ist die Möwe nichts weiter als ein Schwerependel. Aber warum schwingt der Vogel so langsam, und warum ist die Schwingung des gewichtigen Vogels bereits von leichtem Winde anzuregen wie ein Mobile? Warum bevorzugt der Vogel die symmetrische Schwingung, in der beide Flügel im gleichen Takt schwingen, bis der Widerstand der Luft sie zur Ruhe bringt?

Ruhelagen des Vogels: Die Flügel hängen an einem Querbalken, der zwar pendelnd aufgehängt ist, aber horizontal bleibt, wenn sich der Vogel nicht erheblich zur Seite bewegt. In der Ruhelage liegt er genau in der Mitte, das heißt, dort gibt es im Gleichgewicht eine senkrechte Symmetrieebene. Man darf also den Vogel in Gedanken in der Mitte zersägen und braucht nur die Ruhelagen des halben

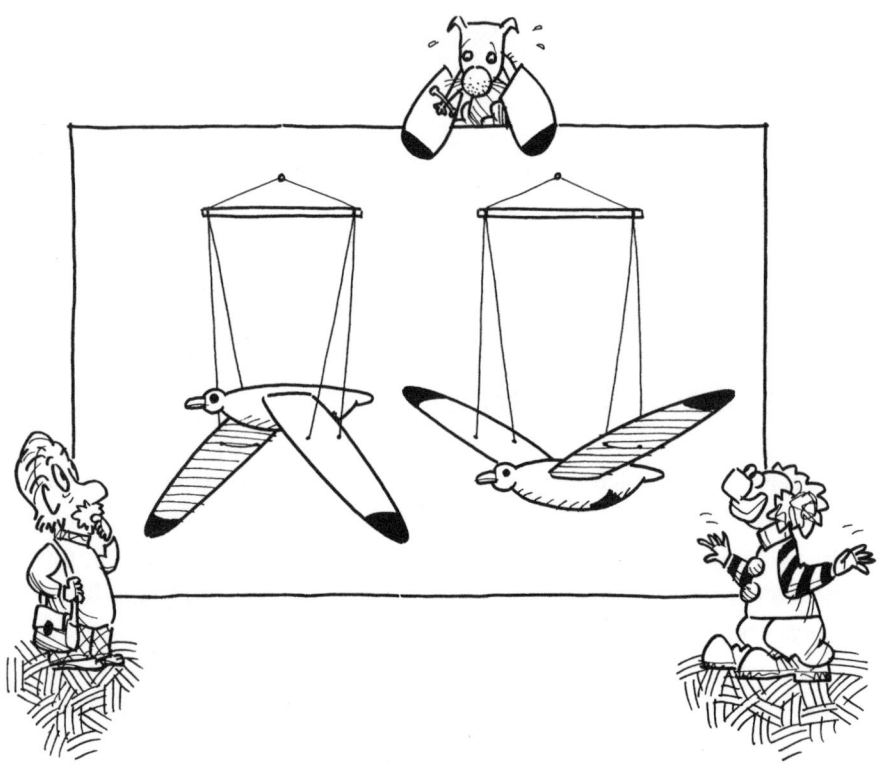

Mechanismus auf einer Seite der Symmetrieebene zu untersuchen. Zum «Halbvogel» zählen der halbe Körper (Masse $M/2$), ein Flügel (Masse m) und zwei Haltefäden, die am Querbalken im Abstand d von der Symmetrieebene und am Flügel im Abstand a vom Scharnier befestigt sind. Sie haben in der Projektion auf die Zeichenebene die Länge c. Der Schwerpunkt S eines Flügels habe den Abstand b vom Körper, die geringe Breite des Körpers darf bei den Maßangaben vernachlässigt werden.

In der Ruhelage besteht unter anderem Gleichgewicht der Kräfte in Vertikalrichtung, $mg + (M/2)g = F\cos\beta$, und Gleichgewicht der Drehmomente um das Scharnier am Vogelkörper, $mgb\cos\alpha = Fa\cos(\alpha-\beta)$. Darin ist F die in die Figur nicht eingezeichnete Kraft, mit der die gespannte Schnur im Punkt B am Flügel zieht. Eliminieren wir die Schnurkraft, erhalten wir die Gleichgewichtsbedingung

$$2mb\cos\alpha\cos\beta = (2m+M)a\cos(\alpha-\beta).$$

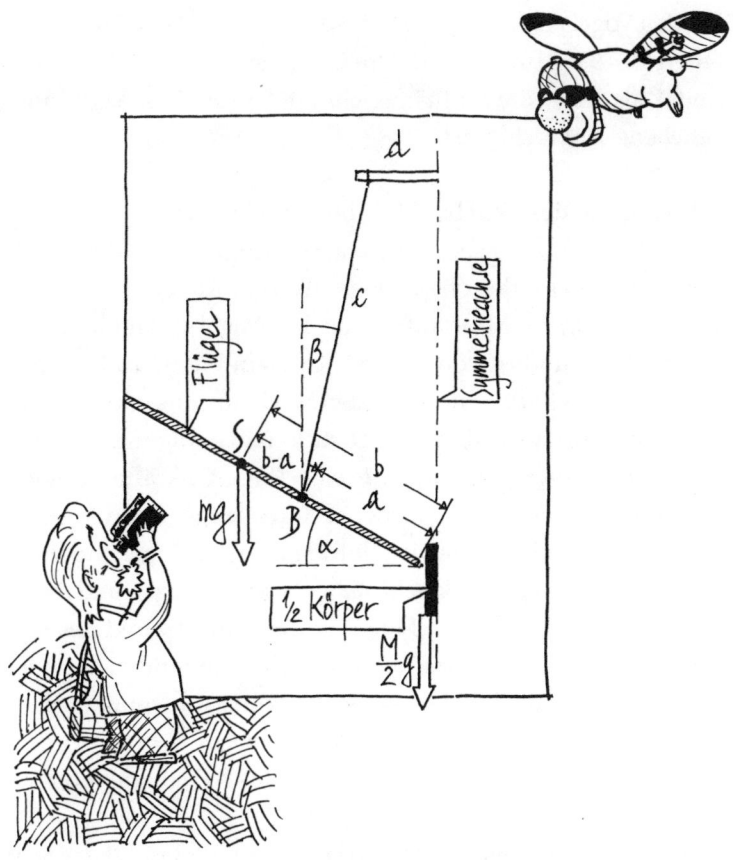

Im Hinblick auf die erwünschten Schwingungen wird der Halbvogel in seinem Schwerpunkt aufgehängt: $mg(b-a) = (M/2)ga$. Dadurch vereinfacht sich die Gleichgewichtsbedingung zu $\sin\alpha \sin\beta = 0$. Wegen der in dem Viereck aus Spiegelebene, Flügel, Schnur und Haltestab zu erfüllenden geometrischen Bedingung $c\sin\beta = a\cos\alpha - d$ folgt entweder Gleichgewicht mit horizontalem Flügel ($\alpha = 0$, und $\sin\beta = (a-d)/c$, das für $\beta < 0$ oder $d > a$ stabil = beständig und für $\beta > 0$ oder $d < a$ labil = unbeständig ist), oder es folgt stabiles Gleichgewicht bei senkrechter Schnur, $\beta = 0$, für $\cos\alpha = d/a$ mit hängendem oder aufgerichtetem Flügel ($\alpha < 0$ bzw. $\alpha > 0$). Diese Bedingungen auszurechnen ist für den Ingenieur Routine. Der Laie findet sie aber ebenso leicht durch Ausprobieren. Von besonderer Wichtigkeit für die langsamen Schwingungen des Vogels ist der Fall, daß beide Gleichgewichtslagen zusammenfallen ($\alpha = \beta = 0$ für $d = a$) und im Gleichgewicht sowohl der Flügel horizontal als auch die Aufhängeschnüre in der Projektion auf die Zeichenebene senkrecht sind.

Die Schwingung des Vogels: Wir beschränken uns auf die symmetrische Schwingung, die der Vogel bevorzugt. Dabei bleibt der obere Querbalken in Ruhe, und der Vogelkörper schwingt in der Mitte auf und ab. Der Vogel schlägt seine Flügel um so langsamer und ist von um so leichterem Winde zu bewegen, je kleiner die Rückstellkräfte sind, die den Mechanismus nach Störungen des Gleichgewichts in die Ruhelage zurück- und infolge seiner Trägheit darüber hinausschwingen lassen. Kleine Rückstellkräfte bei kleinen Auslenkungen werden erreicht sowohl durch lange Fäden (c groß) als auch konstruktiv dadurch, daß in der Ruhelage die Flügel und die Aufhängefäden aufeinander senkrecht stehen. Dafür ist $d = a$, und die Befestigungstelle B der Schnur am Flügel ist der Schwerpunkt des halben Schwingvogels. Bei symmetrischer Schwingung stimmt daher die Hebung h des Punktes mit der Hebung des Gesamtschwerpunkts überein, und die Hebung h mal dem gehobenen Gewicht $G = (M + 2m)g$ der Möwe ist die gegen die Schwerkraft verrichtete Arbeit oder potentielle Energie des Vogels, $V = Gh$.

Bei den Bewegungen der Möwe läuft der Fußpunkt B der Schnur auf einem Kreisbogen vom Radius c um den Aufhängepunkt am oberen Querbalken, während der Körper des Vogels an der gedachten Mittelebene nach oben oder unten gleitet. Aus der Figur liest man ab $h = c(1 - \cos\gamma)$, außerdem $c\sin\gamma = a(1 - \cos\alpha)$. Für kleine Winkel, auf die wir uns beschränken, können die Winkelfunktionen durch $\sin\gamma \approx \gamma$ bzw. $\cos\gamma \approx 1 - \gamma^2/2$ (und entsprechend für α) angenähert werden. Fügt man alles zusammen und drückt a mittels $a = 2mb/(M + 2m)$ durch b aus, ergibt sich die potentielle Energie

$$V = \frac{m^2 b^2 g}{2c\,(M + 2m)} \alpha^4.$$

Die Fadenlänge c im Nenner versteht man, bemerkenswert ist aber die Proportionalität zur vierten Potenz des Winkels α. Beides trägt dazu

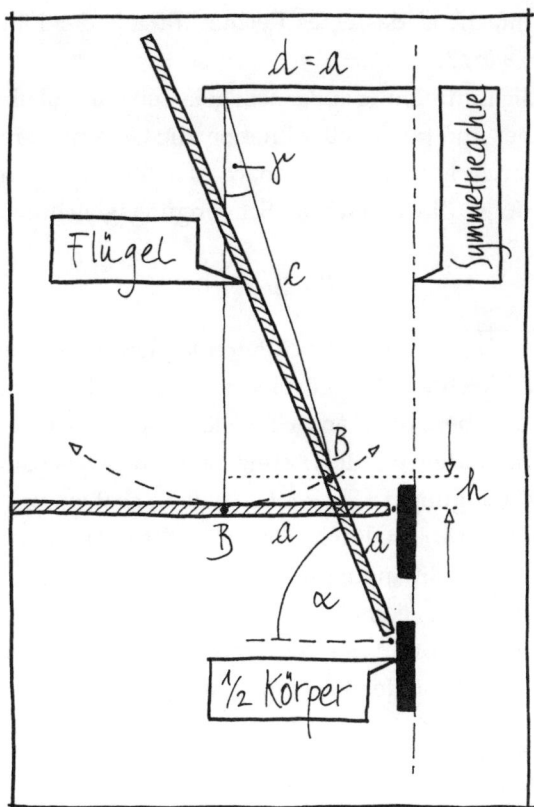

bei, daß die Rückstellkraft bei kleinen Auslenkungen und langem Faden außerordentlich klein bleibt.

Entsprechend rechnet sich die Bewegungsenergie (kinetische Energie) des Mechanismus aus mehreren Anteilen zusammen, die von den Bewegungen des Vogelrumpfs und des Flügelschwerpunkts sowie von der Drehung des Flügels um die zum Scharniergelenk parallele Achse durch seinen Schwerpunkt herrühren. Sie ergibt sich, ebenfalls bei kleinen Auslenkungen, nach Standardmethoden zu

$$T = \frac{2mb^2(2M+m)}{3(M+2m)}\dot{\alpha}^2.$$

$\dot{\alpha} = d\alpha/dt$ ist die Zeitableitung des Winkels oder Winkelgeschwindigkeit der Drehung eines Flügels. Als Trägheitsmoment eines Flügels wurde vereinfachend das eines Rechteckflügels der Länge $2b$ angenommen: $J = mb^2/3$.

Wenn die Luftreibung außer acht gelassen wird, bleibt die Summe aus kinetischer und potentieller Energie, die Gesamtenergie $T + V = E$, konstant. Durch Differentiation nach der Zeit und einfache Umformungen folgt die einfachste Schwingungsgleichung der Möwe Jonathan:

$$\ddot{\alpha} + \Omega^2 \alpha^3 = 0$$

mit $\Omega = \sqrt{3mg/2c(2M+m)}$. Die Differentialgleichung ist eine spezielle Duffing'sche Gleichung. Ihre Lösung läßt sich «exakt» durch elliptische Funktionen angeben, die man in Tabellen findet, aber sie brächte uns wenig Einsicht. Indem wir die Lösung näherungsweise durch eine harmonische Schwingung $\alpha = A \sin \omega t$ ersetzen, schätzen wir die Schwingungsfrequenz $f = \omega/2\pi$ durch «Harmonische Balance» ab. Dazu wird der Ansatz in die Schwingungsgleichung eingesetzt, die dritte Potenz der Winkelfunktion gemäß $\sin^3 \omega t = (3 \sin \omega t - \sin 3\omega t)/4$ trigonometrisch umgeformt und der Term mit der dreifachen Frequenz vernachlässigt. Der Rest der Gleichung ist für die zur Schwingungsamplitude A proportionale Schwingungsfrequenz $f = \dfrac{\sqrt{3}}{4\pi} \Omega A$ erfüllt, ausgeschrieben:

$$f = \frac{3}{4\pi} \sqrt{\frac{m}{2(2M+m)}} \sqrt{\frac{g}{c}} A .$$

Je kleiner die Schwingungsweite A, desto kleiner ist die Frequenz f. Das rührt daher, daß mit abnehmender Schwingungsweite die Rückstellkraft kleiner wird, und erklärt, warum schon ein leichter Wind die Möwe Jonathan zu kleinen Schwingungen anregen kann. Bei schrägen Fäden ($\beta \neq 0$) in der Ruhelage tritt in der Schwingungsgleichung zusätzlich ein im Winkel α lineares Rückstellglied auf, und die Schwingungsfrequenz wird für kleine α von der Schwingungsweite unabhängig.

Eine meiner kleinen Möwen bringt $M = 300$ g und $m = 250$ g auf die Waage, ihre Fadenlänge beträgt $c = 70$ cm. Daraus folgt die Frequenz $f = 0{,}35 A$ pro Sekunde. Bei der Amplitude $A = 0{,}7$ (im Bogenmaß, entsprechend 40 Grad) erhält man daraus die Schwingungsdauer

$T = 1/f = 4{,}1$ Sekunden. Ein einfaches Schwerependel gleicher Länge c schwingt mit nur $T = 1{,}7$ Sekunden Schwingungsdauer deutlich schneller.

Epilog: Nun verstehen wir zwar, warum so ein hölzerner Vogel um so langsamer schwingt, je kleiner die Schwingungsweite seiner Flügel ist, und warum er sich trotz seines erheblichen Gewichts so leicht wie ein Mobile schon von einem schwachen Luftzug in Bewegung setzen läßt. Aber warum bevorzugt der sympathische Vogel die spiegelbildliche Schwingung seiner Flügel? Um Antwort auf diese Frage zu finden, müßten wir weiter ausholen und alle möglichen Schwingungsformen studieren. Überlassen wir das den Experten! Wir haben auch den unübersehbaren Einfluß des Luftwiderstands auf die Flügel außer acht gelassen, der die Schwingung nach wenigen Durchgängen zum Abklingen bringt. Kleine, leichte Modelle leiden mehr darunter als meine große, schwere Möwe Jonathan mit 1,40 m Spannweite. Lassen wir die Fragen offen, und geben wir uns damit zufrieden, daß es selbst an einfachen Spielzeugen noch Bemerkenswertes zu entdecken gibt!

Physik bei Birkhäuser

Am Anfang jeder Erkenntnis steht eine Frage. Doch wer stellt noch Fragen nach Dingen, die jeder kennt und benutzt. Oder wissen Sie, wie ein Jojo funktioniert, warum ein Drachen in die Luft steigt oder warum ein Eierkocher für zwei Eier weniger Wasser benötigt als für eines?

Professor Bürger erklärt es Ihnen. Spielerisch weckt der Autor die Aufmerksamkeit des Lesers, indem er Überraschendes, Verblüffendes und manchmal auch Paradoxes von Alltagsgegenständen erzählt. In einem bunten Strauß von Geschichten stellt der Autor auf diese Weise physikalische Erscheinungen aus den verschiedensten Sachgebieten dar. Immer reicht der Bogen von der Einkleidung des Themas in eine kleine Handlung über die Erläuterung physikalischer Hintergründe bis zur Darstellung in einfachen mathematischen Modellen und Experimenten. Originell, unterhaltsam und doch profund in der Wissensvermittlung präsentiert sich Professor Bürgers Kabinett als unendliche Spielwiese der Physik. Ein Besuch ist wärmstens zu empfehlen.

Wolfgang Bürger
Der paradoxe Eierkocher
Physikalische Spielereien aus Professor Bürgers Kabinett
224 Seiten, 79 sw-Illustrationen
Gebunden
ISBN 3-7643-5105-5

Detaillierte Informationen über unser Gesamtprogramm erhalten Sie auch über das Internet:
http://birkhauser.ch

In allen Buchhandlungen erhältlich!
Birkhäuser Verlag AG • Viaduktstrasse 40-44
CH-4010 Basel • Fax: +41 / (0)61 / 205 07 92
e-mail: promotion@birkhauser.ch

Birkhäuser

Physik bei Birkhäuser

In über 450 Aufgaben mit erläuternden Lösungen führt Epstein die Leser spielerisch in die moderne Physik ein. Er beweist, daß Wissenschaft nicht nur begreifbar ist, sondern daß sie auch Spaß machen kann!

Lewis C. Epstein
Epsteins Physikstunde
450 Aufgaben und Lösungen
616 Seiten, zahlreiche sw-Abbildungen
Gebunden
ISBN 3-7643-2771-5

Hätten Sie gedacht, daß mit einfachen Gedankenexperimenten und zeichnerischen Darstellungen, ohne Mathematik und komplizierte Formeln, die Relativitätstheorie verständlich darzustellen wäre? Ein Muß für Schüler, Studenten und Lehrer!

Lewis C. Epstein
Relativitätstheorie anschaulich dargestellt
236 Seiten, zahlreiche sw-Illustrationen
Gebunden
ISBN 3-7643-1684-5

Detaillierte Informationen über unser Gesamtprogramm erhalten Sie auch über das Internet:
http://birkhauser.ch

In allen Buchhandlungen erhältlich!
Birkhäuser Verlag AG • Viaduktstrasse 40-44
CH-4010 Basel • Fax: +41 / (0)61 / 205 07 92
e-mail: promotion@birkhauser.ch

Birkhäuser